Python

应用技巧速查手册302

[日]黑住敬之 著
满淑颖 译

中国水利水电出版社
www.waterpub.com.cn
·北京·

内容提要

《Python应用技巧速查手册302》是一本实用的代码功能集,收集了从Python基础知识到常用功能,再到实际开发过程中需求较高的技巧,方便读者查询以快速实现想要的功能。内容涵盖基本语法、数值处理、文本处理、数据库、HTTP请求、数据分析和图像处理等各个方面,并以易于重复查阅的形式整理了语法和代码,特别适合编程初学者、新手工程师、业余爱好者、研究人员等所有使用Python进行编程的人群作为案头必备参考书。

图书在版编目(CIP)数据

Python 应用技巧速查手册 302 / (日) 黑住敬之著;满淑颖译. -- 北京:中国水利水电出版社,2025.7. ISBN 978-7-5226-2524-9

Ⅰ. TP311.561

中国国家版本馆 CIP 数据核字第 202484LB77 号

北京市版权局著作权合同登记号 图字:11-2024-1599 号

Python CODE RECIPE-SHU　　by Takayuki Kurozumi
Copyright © 2021 Takayuki Kurozumi
All rights reserved.
Original Japanese edition published by Gijutsu-Hyoron Co., Ltd., Tokyo

This Simplified Chinese language edition published by arrangement with Gijutsu-Hyoron Co., Ltd., Tokyo in care of Tuttle-Mori Agency, Inc., Tokyo through Copyright Agency of China, ltd. Beijing.

书　　名	Python 应用技巧速查手册 302 Python YINGYONG JIQIAO SUCHA SHOUCE 302
作　　者	[日] 黑住敬之　著
译　　者	满淑颖　译
出版发行	中国水利水电出版社 (北京市海淀区玉渊潭南路 1 号 D 座 100038) 网址:http://www.waterpub.com.cn E-mail:zhiboshangshu@163.com 电话:(010)62572966-2205/2266/2201(营销中心)
经　　售	北京科水图书销售有限公司 电话:(010)68545874、63202643 全国各地新华书店和相关出版物销售网点
排　　版	北京智博尚书文化传媒有限公司
印　　刷	北京富博印刷有限公司
规　　格	148mm×210mm　32 开本　16.5 印张　759 千字
版　　次	2025 年 7 月第 1 版　2025 年 7 月第 1 次印刷
印　　数	0001—1500 册
定　　价	108.00 元

凡购买我社图书,如有缺页、倒页、脱页的,本社营销中心负责调换

版权所有·侵权必究

前言

近年来，Python越来越受欢迎，作为一名Python工程师，我感到非常高兴。从业务批处理、Web系统、数据分析、科学技术计算到人工智能（artificial intelligence，AI），Python是一门活跃在各个领域的语言，同时也是一门简单的代码编写和易于学习的语言，不仅是经验丰富的开发人员，编程初学者也越来越多。使用各种符号、功能和丰富的库可以轻松、快速地实现复杂的操作，这是Python语言的最大优势。另外，"由于功能太多了，不知道从何处开始学习"的用户也很多。

本书是针对初学者提出的"想进行这样的处理，怎么写才好呢？""Python能做什么？""使用什么样的程序库好呢？"这样的疑问，以快速调查和易于理解为目标而编写的。整体分为入门篇和应用篇。

入门篇（第1～8章）

除了介绍变量、控制语句、函数和类等入门级语法外，还解释了实际开发中所需的基本事项，如日志、测试和配置文件。为了让从未使用过Python的用户能够顺利阅读，本书提供了丰富的示例代码和基本术语。

应用篇（第9～24章）

介绍了Python擅长的数值、文本和各种格式的数据处理、HTTP请求、数据库处理、数据分析和自动化等实际处理方法，并结合相应库的介绍和使用方法进行了说明。

本书假定开发环境已安装Python 3.6或更高版本，并且python和pip命令可用。

本书从基本语法和开发基础到应用内容（如数据处理、通信、分析和自动化），从Python的学习到实际业务都有广泛的应用配置，希望能对读者有所帮助。本书特别制作了学习交流圈，感兴趣的读者可扫描下面的二维码加入。

黑住敬之

本书的学习方法

❶ 技巧名称
使用Python实现的技术。

❷ 语法
实现技术所需的Python功能和语法。

❸ 正文
提供了策略和具体步骤，包括如何使用具体功能来实现所需的技术。

❹ Python代码
显示构成所需技术的Python代码。如果代码本来应该显示在一行中，但由于纸面的原因而被换行，则在行尾添加标记。

---

089 ① 定义私有变量和方法

语法

- 私有实例变量

```
def __init__(self, 参数1, 参数2, , ,)
    self.__变量名 = 初始值
```

- 私有方法

```
def __方法名称(self, 参数1, 参数2, , ,):
    处理
```

隐藏变量和方法

例如，当在团队开发中以面向对象的方式实现时，用户可能希望避免外部接触变量方法。Python通过在变量或方法的头部加上两个下划线来抑制外部访问。以下代码将__instance_val1变量和__private_method方法定义为Sample类的私有成员。

```
class Sample():
    def __init__(self, val1):
        self.__instance_val1 = val1

    def __private_method(self):
        print(self.__instance_val1)
```

尝试生成这个类并访问变量__instance_val1。

● recipe_089_01.py

```
s = Sample(10)
print(s.__instance_val1)
```

▼ 执行结果

```
AttributeError: 'Sample' object has no attribute '__instance_val1'
```

II

私有变量和方法

同样，生成实例并访问变量会导致AttributeError。调用方法也会导致AttributeError，代码如下所示。

recipe_089_02.py

```
s = Sample(10)
s.__private_method()
```

执行结果

```
AttributeError: 'Sample' object has no attribute '__private_method'
```

Munging机制

其实在Python中并不存在完全隐藏变量和方法的方法。可以通过以下方法访问。

```
s = Sample(10)
print(s._Sample__instance_val1)
```

它是一种支持机制，严格地说，称为Munging，其与其他语言的private变量的机制不同。

---

❺ **文件名**
显示作为示例文件提供的代码文件名。

❻ **执行结果**
显示运行Python代码时的结果。

❼ **专栏**
与技术相关的补充信息。

关于示例文件
本书中的许多技术都提供了示例文件。

III

▬ 关于本书

本书是针对"想利用Python进行这样的处理，怎么写呢？"这样的疑问，以能迅速查阅为目标而写的。作为整体，主要内容如下所示。

▶ 入门篇（第1～8章）

　　主要讲解入门级语法。

▶ 应用篇（第9～24章）

　　除了Python擅长的数值、文本和各种格式的数据处理外，还介绍了图像处理、HTTP、关系数据库、数据分析和自动化，以及在实践中常用的库的基本使用方法。

▬ 本书的结构

本书中的每一项基本上都是独立的内容，读者可以随机选择章节进行学习。各小节由在开头配置语法，在正文中解说以及示例代码构成。文章结构不遵循一般的命令句法，虽然牺牲了一些严密性，但为了让初学者能够容易理解，尽量写得通俗易懂。

目录

第 1 章 Python基础知识　　1

- 001　运行Python脚本 ……………………………………………………… 2
- 002　以交互模式运行Python …………………………………………… 3
- 003　Python代码的特点 …………………………………………………… 5
- 004　使用print函数 ………………………………………………………… 8
- 005　自定义print函数的输出 …………………………………………… 9
- 006　导入模块 ……………………………………………………………… 10
- 007　使用pip命令安装外部库 ………………………………………… 12
- 008　使用venv命令构建Python虚拟环境 ………………………… 14

第 2 章 变量　　17

- 009　使用变量 ……………………………………………………………… 18
- 010　基本的变量类型 …………………………………………………… 20
- 011　保留字 ………………………………………………………………… 22
- 012　表示变量没有值 …………………………………………………… 24
- 013　使用整数 ……………………………………………………………… 25
- 014　算术运算 ……………………………………………………………… 27
- 015　布尔变量 ……………………………………………………………… 29
- 016　比较运算 ……………………………………………………………… 30
- 017　比较多个变量 ……………………………………………………… 31
- 018　布尔运算 ……………………………………………………………… 32
- 019　使用float类型变量 ………………………………………………… 34
- 020　表示无穷大或非数字 …………………………………………… 35
- 021　处理字符串类型 …………………………………………………… 36
- 022　转义字符串 ………………………………………………………… 37

023	连接字符串	39
024	使用raw字符串	40
025	获取字符串中的字符数	42
026	生成列表	43
027	引用列表中的元素	45
028	切片语法	47
029	更新列表元素	49
030	使用嵌套列表	50
031	获取列表中的元素数	51
032	列表中元素的添加和插入	52
033	删除列表中的元素	54
034	搜索列表中的元素	56
035	使用元组	57
036	检查元组的元素和元素数	59
037	使用解包	60
038	交换变量的值	61
039	处理range类型	62
040	处理set类型	64
041	将元素添加到set中	65
042	删除set中的元素	66
043	判断set中是否存在某个元素	67
044	对集合进行逻辑运算	68
045	生成字典	71
046	引用字典中的值	73
047	在字典中添加和更新值	75
048	检索字典中的所有键和值	76
049	判断字典中的键和值是否存在	78
050	删除字典中的元素	80
051	bytes类型变量	82

第3章 控制语句　　　　　　　　　　　　　　83

- 052 用if语句处理条件分支 …………………………………… 84
- 053 变量在条件表达式中的计算结果 ………………………… 85
- 054 使用多个条件分支（else、elif）………………………… 87
- 055 使用三元运算符 …………………………………………… 89
- 056 对列表等可迭代对象进行循环处理 ……………………… 90
- 057 在for语句中执行指定次数的循环 ……………………… 91
- 058 对字典进行循环处理 ……………………………………… 92
- 059 在for语句中使用循环计数器 …………………………… 94
- 060 同时循环多个列表（for语句）…………………………… 96
- 061 反向循环列表（for语句）………………………………… 98
- 062 使用列表推导式 …………………………………………… 100
- 063 使用集合推导式 …………………………………………… 102
- 064 使用字典推导式 …………………………………………… 103
- 065 满足条件的循环处理（while语句）……………………… 105
- 066 在特定条件下退出循环 …………………………………… 106
- 067 在特定条件下跳过处理 …………………………………… 107
- 068 在没有break的情况下执行处理 ………………………… 108

第4章 函数　　　　　　　　　　　　　　　109

- 069 使用函数 …………………………………………………… 110
- 070 使用位置参数和关键字参数 ……………………………… 112
- 071 使用可变长位置参数 ……………………………………… 114
- 072 使用可变长关键字参数 …………………………………… 115
- 073 在函数调用中指定位置参数 ……………………………… 117
- 074 在函数调用中指定关键字参数 …………………………… 118
- 075 使用默认参数 ……………………………………………… 120
- 076 返回多个值 ………………………………………………… 122
- 077 引用函数外部定义的变量 ………………………………… 123
- 078 将函数当作变量 …………………………………………… 125
- 079 在函数内部定义函数 ……………………………………… 126

VII

080	使用闭包	127
081	使用装饰器	129
082	使用lambda表达式	133
083	使用生成器	135
084	使用注释	138

第5章 类和对象 140

085	使用自己的对象	141
086	继承类	145
087	使用类变量	147
088	获取方法类型	149
089	定义私有变量和方法	151
090	定义对象的字符串表示	153
091	检查对象的变量和方法	155
092	检查变量的类型	157

第6章 异常 160

093	异常情况的处理	161
094	异常的类型	163
095	处理多个异常	165
096	控制异常捕获点的结束处理	167
097	将捕获到的异常作为变量处理	169
098	允许发生异常的情况	170
099	重新提交异常	171
100	获取异常的详细信息	172
101	使用断言	173

第7章 运行控制 174

102	在运行时提供参数	175
103	设置退出状态	177

104	从键盘获取输入值	178
105	休眠处理	179
106	获取环境变量	180

第 8 章　开发　　182

107	自定义模块	183
108	打包模块	185
109	在作为脚本直接运行时执行处理	187
110	输出日志	189
111	设置日志格式	191
112	将日志输出为文件	193
113	运行单元测试	195
114	在单元测试中进行预处理	198
115	使用单元测试包	200
116	使用ini格式的配置文件	201
117	编码约定	203
118	优化代码	204

第 9 章　文件和目录　　208

119	打开文件	209
120	导入文本文件	211
121	写入文本文件	213
122	获取路径分隔符	214
123	合并路径	215
124	获取路径末尾	216
125	检索或移动当前目录	217
126	获取绝对路径和相对路径	218
127	检查路径是否存在	219
128	获取路径下方的内容列表	220
129	判断是目录还是文件	221
130	获取扩展名	222

131	移动文件或目录	223
132	复制文件或目录	224
133	删除文件或目录	225
134	创建新目录	226

第 10 章　数值处理　　　　　　　　　　227

135	使用n进制	228
136	将数值转换为n进制	230
137	转换整数和浮点数	232
138	增加浮点数的显示位数	233
139	判断浮点型的值是否足够接近	234
140	求绝对值、求和、求最大值、求最小值	236
141	舍入处理	237
142	求数值的n次方	238
143	求商、求余数	239
144	数学常量和数学函数	240
145	指数函数	241
146	对数函数	242
147	三角函数	243
148	生成随机数	244
149	Decimal类型	246
150	Decimal类型的四舍五入	248

第 11 章　文本处理　　　　　　　　　　251

151	连接字符串列表	252
152	在字符串中嵌入值	253
153	格式化字符串文本	255
154	替换字符串	256
155	判断是否包含字符串	257
156	提取字符串的一部分	258
157	删除字符串中不需要的空格	259

158	转换字符串的大小写	261
159	判断字符串的类型	262
160	用分隔符分隔字符串	264
161	用0补齐字符串	265
162	将字符串居中或左右对齐	266
163	将字符串转换为数值	267
164	提取包含特定字符串的行	269
165	删除空行	270
166	转换半角和全角	271
167	转换bytes类型和字符串	273
168	确定字符代码	275
169	生成随机字符串	277
170	正则表达式	279
171	使用正则表达式进行搜索	281
172	使用正则表达式进行替换	282
173	使用正则表达式拆分文本	283
174	使用正则表达式组	284
175	查找正则表达式匹配项	286
176	使用Greedy和Lazy	288
177	跨多行处理正则表达式	289

第12章 列表与字典　291

178	生成由n个相同要素组成的列表	292
179	合并列表	293
180	对列表中的元素进行排序	295
181	对列表中的所有元素进行特定处理	298
182	将列表转换为CSV字符串	300
183	将列表分成每个包含n个元素的子列表	301
184	将列表分成n个部分	302
185	按条件提取列表中的元素	303
186	将列表以相反顺序排列	304
187	随机打乱列表	306
188	创建从列表中删除重复元素的列表	308

189	从键和值列表生成字典	310
190	交换字典中的键和值	311
191	合并两个字典	312

第 13 章 日期和时间 314

192	处理日期和时间	315
193	datetime（日期和时间）处理	316
194	字符串和日期类型的转换	318
195	获取当前日期和时间	320
196	处理日期	321
197	转换字符串和日期	322
198	获取当前日期	323
199	计算日期和时间	324
200	处理时间	326
201	转换字符串和时间	327
202	判断是否为月末日期	328
203	判断是否为闰年	329

第 14 章 数据格式 330

204	导入CSV文件	331
205	写入CSV文件	333
206	解析JSON字符串	335
207	将字典转换为JSON字符串	337
208	编码为base64	339
209	解码base64	341
210	生成UUID	342
211	URL编码	344
212	URL解码	345
213	解析URL	346
214	解析URL查询参数	348
215	编码为Unicode转义字符串	349

216	解码Unicode转义字符串	350
217	生成散列值	351
218	解压缩ZIP文件	352
219	将文件压缩为ZIP格式	354
220	解压缩tar文件	355
221	以tar格式存档	356
222	以ZIP或tar格式按目录压缩	357

第15章 关系数据库　　358

223	连接SQLite 3	359
224	在SQLite 3中执行SQL语句	361
225	在SQLite 3中获取SELECT结果	363
226	在SQLite 3中通过指定列获取SELECT结果	365
227	处理不同的数据库	367
228	使用MySQL	369
229	使用PostgreSQL	372

第16章 HTTP请求　　374

230	访问Web网站和REST API	375
231	执行GET请求	377
232	获取响应的各种信息	378
233	设置响应编码	379
234	执行POST请求	380
235	添加请求标头	381
236	通过代理服务器访问	382
237	设置超时	383

第17章 HTML　　384

| 238 | 解析HTML | 385 |

239	通过指定条件获取标记	387
240	从获取的标记中获取信息	390
241	检索所有符合条件的标记	391
242	解析	392

第 18 章 图像处理 394

243	图像编辑库	395
244	获取图像信息	396
245	浏览和保存Pillow中打开的图像	398
246	缩放图像	399
247	裁剪图像	401
248	旋转图像	403
249	翻转图像	404
250	将图像转换为灰度	405
251	在图像中嵌入文本	406
252	在图像中嵌入图像	408
253	加载图像的Exif信息	409

第 19 章 数据分析 410

| 254 | 数据分析工具 | 411 |
| 255 | Anaconda | 412 |

第 20 章 IPython 416

| 256 | 使用IPython | 417 |
| 257 | 魔术函数 | 419 |

第 21 章 NumPy 421

| 258 | 使用NumPy | 422 |

259	ndarray	423
260	计算ndarray中每个元素的函数	427
261	计算向量	429
262	数组的矩阵表示	432
263	代表性矩阵	434
264	计算矩阵	436
265	矩阵的基本运算	438
266	矩阵的QR分解	440
267	求矩阵的特征值	441
268	求联立线性方程组的解	442
269	生成随机数	444

第22章 pandas　445

270	使用pandas	446
271	生成Series	448
272	访问Series中的数据	450
273	生成DataFrame	451
274	使用pandas导入和导出CSV文件	453
275	使用pandas读写数据库	455
276	使用pandas导入剪贴板数据	458
277	从DataFrame中求出基本统计量	460
278	获取DataFrame的列数据	462
279	获取DataFrame的行数据	464
280	通过指定DataFrame的行和列来检索数据	466
281	计算DataFrame	468
282	在DataFrame中处理缺失值	469
283	替换DataFrame中的值	471
284	过滤DataFrame	473
285	使用groupby方法合并DataFrame	476
286	对DataFrame进行排序	478
287	从DataFrame创建透视表	479

XV

第 23 章 Matplotlib　　　　　　　　　481

- 288　使用Matplotlib　　　482
- 289　Matplotlib的基本使用方法　　　484
- 290　设置图表的常规元素　　　488
- 291　创建散点图　　　490
- 292　创建条形图　　　492
- 293　绘制折线图　　　494
- 294　绘制函数的图形　　　496
- 295　创建饼图　　　497
- 296　创建直方图　　　499

第 24 章 自动化桌面操作　　　　　　　　　501

- 297　自动执行桌面操作　　　502
- 298　获取屏幕信息　　　504
- 299　移动鼠标指针　　　505
- 300　单击鼠标　　　506
- 301　键盘输入　　　507
- 302　获取截图　　　509

附录　　　510

Python基础知识

第1章

001 运行Python脚本

语法

```
python 脚本名称.py
```

■ 运行Python脚本

扩展名为.py且包含Python代码的文本文件称为Python脚本。建议使用UTF-8字符编码。如果使用python命令将Python脚本指定为参数,则可以运行该脚本。

例如,如果有一个文件名为sample.py并包含以下内容的Python脚本,

```python
print("Hello, World!")
```

那么,执行以下命令将运行此脚本。

```
python sample.py
```

▼ 执行结果

```
Hello, World!
```

002 以交互模式运行Python

> **语法**

- 启动交互模式

```
python
```

- 交互模式的操作

自动补全	按Tab键
退出交互模式	quit()命令

■ 以交互模式运行

　　Python除了可以运行通过文本文件创建的脚本外，还可以以交互模式运行。如果是简单的处理，即使不写脚本，也能以交互模式运行，这是Python的一个优点。如果在命令行中不带任何参数运行python命令，就会开启交互模式。

```
>python
Python 3.8.6 (tags/v3.8.6:db45529, Sep 23 2020, 15:52:53) [MSC
v.1927 64 bit (AMD64)] on win32
Type "help", "copyright", "credits" or "license" for more
information.
>>>
```

　　可以在">>>"后面输入任意的Python代码并执行。粘贴下面的程序将显示1~10的和。

```
l = list(range(1, 11))
sum(l)
```

▼ 执行结果

```
55
```

002

以交互模式运行Python

■ 自动补全

交互模式的一个便利之处是代码自动补全功能。尝试输入pri命令并按Tab键，会发现输入被自动补全为"print("。内置函数和用户自定义的标识符都可以进行补全。

■ 退出交互模式

输入quit()可以退出交互模式。

003 Python代码的特点

了解Python代码的特点

Python与其他编程语言相比有几个特点。下面是一个简单的可以运行的Python脚本，将以此为基础解释这些特点。

■ recipe_003_01.py

```python
def main():
    """
    用3个双引号包围的部分是Python的docstring（文档字符串）
    在这里可以编写函数的说明（编辑注：也称为多行注释）
    """

    # 普通注释使用"#"
    # 必须像普通语句一样缩进
    print("hello world!")

    # 在if语句中需要缩进
    x = 100
    if x > 100:
        print("x大于100。")

    # 在循环中也需要缩进
    num_list = [0, 1, 3]
    for num in num_list:
        # 在块内部的注释也需要缩进
        print(num)

        # 如果是嵌套，则需要添加额外的缩进
        if num > 1:
            print("num大于1。")

    # pass是一个不执行任何操作的语句
    pass

    # 如果缩进内部没有处理代码，则写入pass
    if x < 100:
```

003

Python代码的特点

```
    pass

#  长句可以用"\"换行
y = 1 + 2 + 3 + 4 + 5 \
    + 6 + 7 + 8 + 9 + 10

if __name__ == "__main__":
    main()  # 调用main函数
```

Python代码具有以下特点。

缩进

Python代码的最大特点是缩进。条件分支、循环等控制语句，以及函数和类等代码中的逻辑块，在Python中通过在冒号(:)后面的行添加缩进来表示。建议使用4个半角空格进行缩进。当代码块嵌套时，缩进也需要相应地增加。

pass

当不想在某个地方写处理代码时，必须显式地使用pass。如果缩进内只留空白，没有任何代码，将会产生SyntaxError(语法错误)。

注释

使用"#"进行注释时，"#"右侧的内容不会被当作代码处理。但需要注意的是，注释也需要遵守代码缩进的规则。

docstring

用于描述函数或类的docstring(文档字符串)，应使用3个单引号或3个双引号包围。需要注意的是，docstring可以被赋值给变量，作为字符串来处理。

■ 代码语句中的换行符

如果一行代码太长，可以使用"\"符号在中间换行。不过在函数的参数、元组、列表或字典等用()、[]、{}包围的部分中，如果不是在标识符、数值或字符串的中间，可以直接换行，不需要"\"符号。通过这些规则，可以编写出更加清晰、易读的Python代码。

6

if __name__ == "__main__":

如果只希望在通过Python命令直接运行脚本时才执行某些处理，就可以在脚本中添加这样的代码。在"109 在作为脚本直接运行时执行处理"中会进行详细说明，但在刚开始学习时，只需记住"启动脚本时通常这样写"就可以了，不必过于担心细节。

004 使用print函数

语法

函数	处理
print("字符串")	输出指定的字符串
print(变量)	输出指定变量的标准字符串表达式

■ print函数

print函数用于将参数中指定的字符串输出。除了字符串之外，还可以输出任意类型的变量，在这种情况下，会输出变量的信息（关于变量的详细内容，请参见下一章）。此外，还可以使用逗号分隔符列出多个变量。在下面的代码中，输出了单个字符串以及多个变量的内容。

■ recipe_004_01.py

```python
# 输出字符串
print("abcdef")

# 输出多个变量
text = "abc"
num = 100
l = [1, 2, 3]
print(text, num, l)
```

▼ 执行结果

```
abcdef
abc 100 [1, 2, 3]
```

005 自定义print函数的输出

语法

选项	指定项目
sep	分隔符
end	结束字符

■ 更改分隔符

使用print函数列举多个变量进行输出时,默认情况下,变量之间会以空格分隔。但是,可以通过sep参数指定任意的分隔符。在下面的代码中,分隔符被更改为逗号进行输出。

■ recipe_005_01.py

```
x = 100
y = 200
z = 300
print(x, y, z, sep=',')
```

▼ 执行结果

```
100,200,300
```

■ 更改端点

使用print函数输出时,默认情况下会在末尾添加换行符。但如果不希望换行等情况时,可以通过end参数来更改末尾的输出方式。在下面的代码中,通过更改末尾的换行符,实现了不换行输出前两次的print函数。

■ recipe_005_02.py

```
print("===", end="")
print(" 处理 ", end="")
print("===")
```

▼ 执行结果

```
=== 处理 ===
```

006 导入模块

语法

语句	意义
`import 模块 as 别名`	导入模块
`from 模块 import 导入目标 as 别名`	仅导入模块中的特定属性

■ 模块和包

　　Python脚本可以作为模块或部件从其他脚本调用和使用特定功能。模块的集合称为包。这些模块或包有时称为库。

　　Python提供了一些内置的软件包和模块，这些软件包和模块称为标准库。另外，第三方创建的程序称为第三方库，需要使用pip命令安装。还可以从自己创建的脚本创建模块或包。

■ import语句

　　模块和包可以使用import语句导入。如果要访问导入模块中的属性，则用点号(.)指定。例如，如果要使用标准库中math模块的圆周率pi，则可以像下面这样导入并使用。

■ recipe_006_01.py

```
import math
print(math.pi)
```

▼ 执行结果

```
3.14159265358…
```

■ 仅导入所需的内容

　　还可以使用from语句仅导入所需的内容。下面的代码与上面的代码处理相同，但仅导入圆周率pi并使用。

■ recipe_006_02.py

```
from math import pi
print(pi)
```

as别名

如果导入的模块名称很长，或者与其他变量的名称冲突，则可以在导入时使用as关键字为模块指定一个别名。下面的代码就是在导入时为math模块指定了一个简短的别名m。

■ recipe_006_03.py

```
import math as m
print(m.pi)
```

007 使用pip命令安装外部库

语法

命令	意义
pip install 库名称	安装指定的库
pip uninstall 库名称	卸载指定的库
pip install -U 库名称	更新指定的库
pip freeze > requirements.txt	将已安装的库及其版本信息输出到文本文件中
pip install -r requirements.txt	批量安装库

PyPi和pip

　　Python有一个名为PyPi的第三方库的免费公共存储库。如果在PyPi中找到了想要使用的库，可以使用pip命令进行安装、更新或卸载等包管理操作。

安装

　　例如，如果要安装requests库，则在命令行中执行以下命令。

```
pip install requests
```

卸载

　　例如，如果要卸载先前安装的库，则在命令行中执行以下命令。

```
pip uninstall requests
```

12

获取已安装库的列表

使用freeze命令时，会输出已安装的库的列表。可以将结果重定向到文本文件，并在不同的环境中批量安装相同的库。

```
pip freeze > requirements.txt
```

安装和卸载

如果有通过pip freeze命令输出的库列表，可以使用该列表进行批量安装或卸载。使用-r选项可以指定库列表的文本文件。

如果要批量安装requirements.txt中列出的库，则执行以下命令。

```
pip install -r requirements.txt
```

如果要批量卸载requirements.txt中列出的库，则执行以下命令。

```
pip uninstall -r requirements.txt
```

008 使用venv命令构建Python虚拟环境

语法

- 构建虚拟环境

```
python -m venv 构建环境的路径
```

- 切换到虚拟环境

函数	处理
Windows命令提示符	执行虚拟环境目录下的\Scripts\activate.bat
Windows PowerShell	执行虚拟环境目录下的Scripts\Activate.ps1
UNIX系统	使用source命令从虚拟环境目录下读取bin\activate

- 退出虚拟环境

函数	处理
Windows命令提示符	执行虚拟环境目录下的\Scripts\deactivate.bat
Windows PowerShell	执行deactivate命令
UNIX系统	执行deactivate命令

■ 编程虚拟环境

在编写Python程序时，经常使用pip命令等方式来安装模块，但是，如果在同一个环境中尝试编写另一个Python程序，那么之前安装的模块可能会变得不再需要或发生冲突。为了避免这种情况，Python可以使用venv命令为每个程序或项目创建虚拟环境。

例如，可以使用venv命令创建两个虚拟环境A和B，并在虚拟环境A中安装较旧版本的模块，在虚拟环境B中安装较新版本的模块，这样就可以实现不同项目所需模块版本的分别管理。

■ 使用venv命令创建虚拟环境

可以使用venv命令创建虚拟环境。例如，如果要在当前目录下创建一个名为myenv1的环境，则执行以下命令。

```
python -m venv myenv1
```

创建一个名为myenv1的目录，其中包含虚拟环境的信息。

切换虚拟环境

切换到创建的虚拟环境时，Windows和UNIX系统的操作是不同的。

运行Windows命令提示符的示例

批处理文件activate.bat和deactivate.bat将放置在创建的虚拟环境目录下。执行activate.bat可以切换到虚拟环境。还可以执行deactivate.bat退出虚拟环境。如果创建了名为myenv1的虚拟环境，则执行以下命令切换到虚拟环境。

```
myenv1\Scripts\activate.bat
```

要退出虚拟环境，则执行以下命令。

```
myenv1\Scripts\deactivate.bat
```

Windows PowerShell示例

对于PowerShell，必须先更改执行策略。可以使用以下命令更改当前PowerShell的执行策略。

```
Set-ExecutionPolicy RemoteSigned -Scope Process
```

Activate.ps1文件位于创建的虚拟环境目录下，但在执行该文件时会切换到该虚拟环境。

008

使用venv命令构建Python虚拟环境

```
myenv1\Scripts\Activate.ps1
```

还可以使用deactivate命令退出虚拟环境。

```
deactivate
```

在UNIX系统中执行的示例

在创建的虚拟环境目录下，会生成一个名为 bin/activate 的文件。可以通过 source 命令来读取该文件。接下来，如果要切换到名为myenv1的虚拟环境，则执行以下命令。

```
source env1\bin\activate
```

如果要退出虚拟环境，则执行以下命令。

```
deactivate
```

变量

第2章

009 使用变量

> **语法**
>
> 标识符 = 值

■ Python变量

变量是在程序中处理的值的名称，也称为"为变量赋值"。在某些编程语言中，处理变量时需要声明变量类型，但在Python中，只需将其赋值即可使用。下面的代码将数字3赋给变量a。

```
a = 3
```

■ 变量名称中的字符

以下是可用作变量名称的ASCII字符。

- 小写字母a~z，大写字母A~Z。
- 数字（0~9）。
- 下划线。

但是，数字不能作为变量名称的开头。此外，还有一类称为保留字的单词，也不能用作变量名（有关保留字的信息，请参见"011 保留字"）。另外，也可以使用非ASCII字符（如日语），但本书中不使用这些字符。

- 有效的变量名称示例

```
x
y1
book
my_books
```

- 无效的变量名称示例

```
5
5books
def
```

18

此外，Python 中除了保留字之外，还有一些由标准库或内置函数定义的名称，其中有些名称也不适合作为变量名。例如，不要将以下变量用作变量名称，因为它们与内置函数的名称相同。具体说明参见"118 优化代码"。

- 错误的变量名称示例

```
sum
max
```

010 基本的变量类型

> **语法**

变量类型	意义	变量类型	意义
`bool`类型	布尔值	`list`类型	列表
`bytes`类型	字节序列	`tuple`类型	元组
`int`类型	整数	`range`类型	指定范围内的整数序列
`float`类型	浮点数	`set`类型	集合
`str`类型	字符串	`dict`类型	字典

■ Python变量类型

Python提供了多种类型的变量。下面概述常用的基本的变量类型和术语。

数值

整数和浮点数是用于处理整数和浮点数的变量类型,可以进行计算。此外,布尔值(bool型)在Python中也被视为一种数值类型。基本类型包括以下几种。

- bool型(布尔值)。
- int型(整数)。
- float型(浮点数)。

集合

可以存储多个数据的变量类型称为集合。集合可以进一步分类为序列、集合和映射。

- 序列

序列是指"按顺序排列的数据集合",有时也称为数组。基本类型包括以下几种。

- bytes类型(字节序列)。
- str类型(字符串)。
- list类型(列表)。
- tuple类型(元组)。
- range类型(指定范围内的整数序列)。

每个存储的数据都被赋予一个索引号,可以通过索引来引用这些数据。

- 集合
  集合是指"数据的集合",基本类型是set型。

- 映射
  映射是包含键和值的数据集合,通过指定键可以快速获取数据。基本类型是dict型(字典)。

变量的性质

Python变量具有以下性质。

可迭代和迭代器

可迭代是指可以进行循环处理的特性。大多数集合都是可迭代的,可以使用如下的for循环进行处理。

■ recipe_010_01.py

```
nums = [3, 2, 8, 1]
for x in nums:
    print(x)
```

▼ 执行结果

```
3
2
8
1
```

此外,还有一个类似的术语叫做迭代器。迭代器是临时用于执行重复处理的可迭代变量,一旦创建,只能用于循环处理一次。

不可变和可变

不可变是指一旦创建就无法更改的特性。另外,创建后可以改变的性质称为可变特性。上面列出的变量中,不可变类型有bool、bytes、int、float、str、tuple和range。

21

011 保留字

> **语法**
>
> ```
> from keyword import kwlist
> print(kwlist)
> ```

■ Python保留字

保留字是指不能用作标识符（变量名、函数名、类名等）的预先定义的关键字。例如，关键字return不能用作变量名。截至该书写作时，Python 3.8版本的保留字如下所示。

False	await	else	import	pass
None	break	except	in	raise
True	class	finally	is	return
and	continue	for	lambda	try
as	def	from	nonlocal	while
assert	del	global	not	with
async	elif	if	or	yield

随着Python版本的升级，保留字的数量也在增加，因此在升级版本时可能会出现原本的变量名无法使用的情况。

■ 查找保留字

可以使用keyword模块的kwlist轻松查看当前环境的保留字。下面使用print函数输出保留字的列表。

■ recipe_011_01.py

```
from keyword import kwlist
print(kwlist)
```

如果在Python 3.8上运行，结果将显示在列表中，执行结果如下。

▼ 执行结果

```
['False', 'None', 'True', 'and', 'as', 'assert', 'async', 'await',
'break', 'class', 'continue', 'def', 'del', 'elif', 'else',
'except', 'finally', 'for', 'from', 'global', 'if', 'import', 'in',
'is', 'lambda', 'nonlocal', 'not', 'or', 'pass', 'raise', 'return',
'try', 'while', 'with', 'yield']
```

012 表示变量没有值

语法

值	意义
None	无值

■ 变量没有值

Python提供值None，表示变量没有值。相当于其他编程语言中的null和nil。例如，如果要表示变量a没有值，则编写以下代码。

```
a = None
```

如果要判断变量是否为None，可以使用is，如下所示（if语句将在第3章中介绍）。

■ recipe_012_01.py

```
val = None

if val is None:
    print('变量未设置值')
```

▼ 执行结果

```
变量未设置值
```

如果变量的值为None，则转换为字符串不会产生错误，而是转换为字符串None，因此，print函数将输出字符串None，不会产生错误。

013 使用整数

语法	
变量示例	a = 10

■ 整数

Python提供了一种称为int的变量类型，用于处理整数（在下文中，如果是表示int类型的变量，则可能只写为整数）。在代码中直接描述的值（如数字或字符串）称为字面量，但如果将整数字面量分配给变量，则该变量将被视为int类型。下面的代码用于将变量a和b指定为int类型的值。

```
a = 10
b = -5
```

但是，不允许在数字前放置0作为字面量。

- NG的例子

```
z = 05
```

在运行时可能会发生SyntaxError错误。

专栏

函数和方法

在接下来的说明中将会用到一些函数和方法,因此这里简单补充一下相关术语和使用方法。第4章和第5章将对此进行更详细的解释。

函数和内置函数

函数是对输入值进行处理并返回结果的一系列操作的集合。虽然程序员可以自行创建函数,但Python还预先提供了一些函数,这些函数称为内置函数。内置函数可以在没有声明的情况下使用,并且可以从任何地方调用。前面介绍的print函数就是一种内置函数。函数可以指定处理的输入值,这称为参数。也可以将处理结果作为返回值返回,然后将结果赋给变量,如下所示。

```
存储返回值的变量 = 函数名称(参数)
```

例如,内置函数abs返回参数中指定数字的绝对值。下面的代码将10的绝对值赋给变量x。

```
x = abs(10)
```

方法

前面介绍了变量有很多种类型,每种变量类型都有一些类似于函数的功能,这些功能称为方法。在调用方法时,用点号将变量名称与方法名称连接起来。方法也有参数和返回值,可以将其赋给变量。

```
存储返回值的变量 = 变量.方法名称(参数)
```

例如,Python字符串有一个替换方法replace。下面的代码执行变量text1的replace方法并将该方法的结果赋给变量text2。

```
text1 = "aaa bbb ccc aaa bbb ccc"
text2 = text1.replace('aaa', 'xxx')
```

此外,方法不仅可以返回值,还可以执行更改变量内部状态的操作。

014 算术运算

语法

运算符	意义
x + y	加法
x - y	减法
x * y	乘法
x / y	除法
x // y	商
x % y	取余
-x	符号反转
x ** y	幂

■ 使用运算符进行算术运算

Python使用+、-、*、/、%运算符进行算术运算，如上面的表格所列。下面的代码用于对x和y进行算术运算。

■ recipe_014_01.py

```
x = 100
y = 3

# 加法
a = x + y
print(a)

# 减法
b = x - y
print(b)

# 乘法
c = x * y
print(c)
```

014

算术运算

```python
# 除法
d = x / y
print(d)

# 商
e = x // y
print(e)

# 取余
f = x % y
print(f)

# 符号反转
g = -x
print(g)

# 幂
h = x ** y
print(h)
```

▼ 执行结果

```
103
97
300
33.333333333333336
33
1
-100
1000000
```

015 布尔变量

> **语法**

值	意义
True	真
False	假

■ 布尔值

布尔值可以是True或False，可用于表示是否满足条件。Python提供bool类型变量，用于处理布尔值（在下文中，如果是表示bool类型的变量，则可能只写为布尔值）。如果为真，则使用True；如果为假，则使用False。例如，如果要分别为变量val1和val2赋值真或假，则使用以下语句。

```
val1 = True
val2 = False
```

016 比较运算

语法

比较运算符	意义
<	小于
<=	小于等于
>	大于
>=	大于等于
==	等于
!=	不等于

■ 比较运算

比较运算是对两个变量进行比较并获取关系的布尔值的运算。下面的代码用于比较变量x是否小于变量y并将结果赋给变量b1。

■ recipe_016_01.py

```
x = 100
y = 200

b1 = x < y
print(b1)
```

▼ 执行结果

```
True
```

在赋值比较运算的结果时,为了提高可读性,可以用圆括号括起来,如下所示。

```
b1 = (x < y)
```

017 比较多个变量

语法

变量1 < 变量2 < 变量3…

■ 合并比较操作

Python可以把多个比较运算符串联起来编写,就像数学不等式一样。在下面的示例中,对于3个变量x、y和z,确定x<y<z是否成立并将结果赋给变量b1。

■ recipe_017_01.py

```
x = 100
y = 200
z = 300

b1 = (x < y < z)
print(b1)
```

▼ 执行结果

```
True
```

018 布尔运算

语法

语法	意义
not x	否（非x）
x and y	与（x和y）
x or y	逻辑或（x或y）

※x、y代表布尔值。

■ 布尔运算简介

布尔运算是指进行以下逻辑运算的操作。

- not x：如果x为False，则为True；否则为False。
- x and y：如果x为False，则为x；否则为y。
- x or y：如果x为False，则为y；否则为x。

Python可以使用not、and和or对bool类型的变量执行布尔运算。下面的代码用于对表示条件的bool变量a和b执行布尔运算。

■ recipe_018_01.py

```
a = True
b = False

# a和b
x = a and b
print(x)

# a或b
y = a or b
print(y)

# 不是a
z = not a
print(z)
```

▼ 执行结果

```
False
True
False
```

■ 布尔优先级

可以并排编写多个布尔运算。在这种情况下,有一个优先级,优先级从高到低为 not>and>or。

■ recipe_018_02.py

```
b = True or True and False
print(b)
```

▼ 执行结果

```
True
```

在上面的代码中,可以确认and的优先级高于or。但是,由于计算顺序的意图很难理解,建议使用以下用圆括号表示计算顺序的写法。

```
b = True or (True and False )
print(b)
```

019 使用float类型变量

语法	
变量示例1	x = 0.105
变量示例2	y = 1.05e-3

■ 浮点

　　Python中有一个名为float型的变量类型，用于处理浮点数（在下文中，如果是表示float类型的变量，则可能只写为浮点数）。如果将小数字面量赋给变量，则该变量将被视为float类型。在下面的代码中，将float类型的值赋给变量x和y并对其进行加法运算。

■ recipe_019_01.py

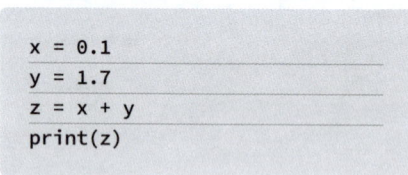

```
x = 0.1
y = 1.7
z = x + y
print(z)
```

▼ 执行结果

```
1.8
```

　　浮点数的字面量除数字和小数点外，还可以使用指数表示法。下面的代码将指数表示法代入了刚才的代码。

■ recipe_019_02.py

```
x = 1e-1
y = 1.7e+0
z = x + y
print(z)
```

■ float类型和误差

　　float 类型在内部使用二进制，因此可能会包含误差。如果无法容忍误差，可以使用 Decimal 类型。详细内容将在第10章进行说明。

34

020 表示无穷大或非数字

语法

语法	意义
`float("inf")`	正无穷大
`-float("inf")`	负无穷大
`float("nan")`	非数字

■ float类型变量inf和非数字nan

float类型可以通过将inf作为浮点函数的参数来表示无穷大。另外，inf可以运算，也可以通过将nan作为float函数的参数来表示"非数字"（not a number），它通常在两个 inf 之间的运算结果不确定时使用。

下面的代码通过将正、负无穷大赋给变量x和y来进行运算。

■ recipe_020_01.py

```
x = float("inf")
y = -float("inf")

z1 = x + 100
z2 = x + y
z3 = x / y

print(z1)
print(z2)
print(z3)
```

▼ 执行结果

```
inf
nan
nan
```

021 处理字符串类型

语法

例子	补充
变量示例1 `'ABCDEFG'`	单引号
变量示例2 `"ABCDEFG"`	双引号
变量示例3 `"""ABCDEFG"""`	3个双引号

■ 字符串

使用引号生成字符串

Python提供str类型，用于处理字符串（在下文中，如果是表示str类型的变量，则可能只写为字符串）。如果要生成字符串，则使用单引号或双引号将字符串括起来。用3个单引号或3个双引号括起来的字符串可以跨多行编写。

■ recipe_021_01.py

```
text1 = 'ABCDEFG'
text2 = "ABCDEFG"
text3 = """
ABCDEFG
HIJKLMN
OPQRSTU
"""

print(text1)
print(text2)
print(text3)
```

▼ 执行结果

```
ABCDEFG
ABCDEFG

ABCDEFG
HIJKLMN
OPQRSTU
```

使用str函数生成字符串

还可以使用str函数获得在参数中指定的变量的字符串表示形式。右边的代码从整数3生成字符串'3'。

```
three = str(3)
```

有关字符串表示法的信息，请参见"090 定义对象的字符串表示"。

022 转义字符串

语法

\要转义的字符

■ 字符串转义

如果在生成字符串时直接使用控制字符等，则会出现错误。例如，在下面的代码中，当使用单引号包裹字符串时，如果字符串中存在单引号，将会导致SyntaxError（语法错误）。

```
text = 'I'm pythonista.'
#运行时出现SyntaxError:invalid Syntax
print(text)
```

在这种情况下，可以使用"\"符号进行转义，如下面的代码所示。

```
text = 'I\'m pythonista.'
print(text)
```

其他特殊字符，如换行符，也可以用"\"进行转义，以便在字符串中使用。

- 典型转义序列

转义序列	意义
\换行	忽略"\"和换行符
\\	反斜杠(\)
\'	单引号(')
\"	双引号(")
\n	换行符(LF)
\r	回车符(CR)
\t	制表符(TAB)

022

转义字符串

转义还可用于转义字符串中的换行符,如下面的代码所示。

- recipe_022_01.py

```
text = "aaa\
bbb"
print(text)
```

▼ 执行结果

```
aaabbb
```

也可以输出特殊字符,如制表符或换行符。下面的代码用于输出包含制表符和换行符的字符串。

- recipe_022_02.py

```
text = "aaa\tbbb\tccc\nddd\teee\tfff"
print(text)
```

▼ 执行结果

```
aaa    bbb    ccc
ddd    eee    fff
```

023 连接字符串

语法

运算符	意义
str类型变量1+str类型变量2+…	连接str类型变量1、str类型变量2、…

■ 使用"+"运算符连接字符串

可以使用"+"运算符连接字符串。下面的代码用于将两个字符串连接起来。

■ recipe_023_01.py

```
text1 = "abc"
text2 = "def"
text3 = text1 + text2
print(text3)
```

▼ 执行结果

```
abcdef
```

■ 与数字类型合并

当连接非字符串类型(如数字类型)为字符串时,直接连接会导致错误,需要先将非字符串类型转换为字符串,然后使用"+"运算符进行连接。下面的代码用于连接字符串和转换为字符串的数字。

■ recipe_023_02.py

```
text1 = "abc"
num = 3
text2 = text1 + str(num)
print(text2)
```

▼ 执行结果

```
abc3
```

024 使用raw字符串

> **语法**
>
> r"字符串"

■ raw字符串

可以使用raw字符串禁用转义序列。在下面的代码中，可以看到包含换行符的raw字符串被原样输出，而不会被解释为换行操作。

■ recipe_024_01.py

```
text = r"aaa\nbbb\nccc"
print(text)
```

▼ 执行结果

```
aaa\nbbb\nccc
```

常见的使用场景之一是输入Windows路径。由于反斜杠(\)作为分隔符使用，如果全部进行转义会比较麻烦，但如果使用raw字符串，就可以直接书写路径而无需转义。在下面的代码中，Windows路径分别使用了转义和raw字符串两种方式进行描述并输出。两种方式都可以获得相同的结果。

■ recipe_024_02.py

```
win_path1 = "c:\\work\\sample"
print(win_path1)
win_path2 = r"c:\work\sample"
print(win_path2)
```

▼ 执行结果

```
c:\work\sample
c:\work\sample
```

不过，当在字符串中使用与包裹字符串的引号相同的引号时，仍然需要使用反斜杠(\)进行转义。另外，由于这个原因，如果字符串末尾有奇数个反斜杠，最后一个反斜杠会转义闭合的引号，导致错误。为了解决这个问题，可以在末尾再添加一个反斜杠来避免这种情况。

```
text = r'Beginner\'s Guide
win_path3 = r'C:\work'+'\\'
```

025 获取字符串中的字符数

语法

函数	返回值
`len(str类型变量)`	返回在参数中指定的字符串的字符数，类型为int型

len函数

使用内置的len函数可以获取列表或元组等序列的元素数量，而对于字符串，则可以得到其字符数。在下面的代码中，len函数用于输出字符串变量text的字符数。

■ recipe_025_01.py

```
text = "Python is a programming language that lets you work more quickly and integrate your systems more effectively."
print(len(text))
```

▼ 执行结果

```
109
```

026 生成列表

> **语法**
>
> [元素1，元素2，…]

■ 列表

Python有一种称为list的变量类型（在下文中，如果是表示list类型的变量，可能只写为列表）。列表是一种序列类型，可以按顺序存储多个元素，并且可以进行排序、添加和插入操作。

使用"[]"生成列表

如果要生成新列表，则在"[]"中以逗号分隔的形式列出元素。下面的代码用于生成一个包含3个数字的列表。

■ recipe_026_01.py

```
l = [1, 5, 7]
```

列表元素可以包含任何类型。下面的代码将数字和字符串存储在列表中。

```
l = [1, "text", 100]
```

此外，如果未在"[]"中指定任何内容，则会生成一个空列表。

```
empty = []
```

使用list函数生成列表

对于range函数或字符串等可迭代对象，可以使用list函数生成列表。例如，字符串是一个序列，可以像下面这样将其转换为列表。

026

生成列表

■ recipe_026_02.py

```python
l = list('sample')
print(l)
```

▼ 执行结果

```
['s', 'a', 'm', 'p', 'l', 'e']
```

此外，如果未指定任何参数，则会生成空列表。

```python
empty = list()
```

027 引用列表中的元素

> **语法**
>
> `list类型变量[索引]`

■ 列表索引

列表中的每个元素都有一个与之对应的索引(或称为下标),这个索引是从0开始的编号。例如,在下面的列表中,第0个元素是"苹果",第1个元素是"橘子",第2个元素是"香蕉"。

```
l = ["苹果", "橘子", "香蕉"]
```

■ 引用列表元素

如果引用列表中的元素,可以使用方括号([])指定索引。下面的代码使用print函数输出列表中的第0~2个元素。

■ recipe_027_01.py

```
l = ["苹果", "橘子", "香蕉"]
print(l[0])
print(l[1])
print(l[2])
```

▼ 执行结果

```
苹果
橘子
香蕉
```

■ 从列表末尾引用

可以使用负号从末尾反向引用列表中的元素。利用这个特性,如果指定-1,就可以引用列表的最后一个元素。代码如下所示。

027

引用列表中的元素

■ recipe_027_02.py

```python
l = ["苹果", "橘子", "香蕉"]
print(l[-1])
print(l[-2])
print(l[-3])
```

▼ 执行结果

```
香蕉
橘子
苹果
```

028 切片语法

语法

语法	意义
list类型变量[start:stop]	索引从start开始到stop之前的范围内的元素列表
list类型变量[start:stop:step]	索引从start开始到stop之前的范围内,每隔step个元素的列表

■ 了解切片语法

切片语法是一种可以从列表、元组等序列中获取部分内容的写法。它允许你指定想要获取部分的开始位置、结束位置和步长。对于结束位置,可以获取到指定索引前一个位置的内容。下面的代码示例中,有一个包含0~10数字的列表,使用切片语法取出了列表的一部分。

■ recipe_028_01.py

```
l = [0, 1, 2, 3, 4, 5, 6, 7, 8, 9, 10]
print(l[0:3])      # 从第0个到第2个
print(l[4:5])      # 第4个
print(l[0:11:2])   # 从第0个到第10个数字,跳过2个元素
```

▼ 执行结果

```
[0, 1, 2]
[4]
[0, 2, 4, 6, 8, 10]
```

■ 切片语法的不同写法

虽然切片语法非常简单,但是也有很多人不太擅长。这可能是因为有多种方法可以编写列表索引。为此,下面介绍一下不同的写法。

省略索引

如果开始位置为0或结束位置为末尾,则可以省略说明。例如,如果从列表的开头到结尾每隔两次检索一个元素,则以下任何一种写法都将产生相同的结果。

47

028

切片语法

- recipe_028_02.py

```python
l = [0, 1, 2, 3, 4, 5, 6, 7, 8, 9, 10]

#以下均为[0, 2, 4, 6, 8, 10]
l1 = l[0:11:2]
l2 = l[:11:2]
l3 = l[0::2]
l4 = l[::2]
```

索引减号

此外,索引的末尾可以是负数。对于索引最多为10的列表,以下两种切片语法都可以检索从0到9的元素。

- recipe_028_03.py

```python
l = [0, 1, 2, 3, 4, 5, 6, 7, 8, 9, 10]

以下均为[0, 1, 2, 3, 4, 5, 6, 7, 8, 9]
l1 = l[0:10]
l2 = l[0:-1]
```

029 更新列表元素

> **语法**
>
> list类型变量[索引] = 要更新的值

■ 更新列表元素简介

列表的元素可以在创建后随意更新。更新时需要通过索引指定要替换的元素。下面的代码更新了列表的第1个元素(索引为1)[1]。

■ recipe_029_01.py

```
l = ["苹果", "橘子", "香蕉"]
l[1] = "草莓"
print(l)
```

▼ 执行结果

```
[苹果，草莓，香蕉]
```

可以看到第1个元素已更新。

---

[1] 译者注：在 Python 中，用索引表示数据结构中元素的位置，有正数索引和负数索引。其中正数索引从 0 开始，从左到右，依次增加，即 0 表示第一个元素，1 表示第二个元素，依此类推。负数索引则表示从末尾开始反向计数，从 -1 开始，从右到左，依次减小。

030 使用嵌套列表

语法

语法	意义
[[元素1-1，元素1-2，…],[元素2-1，元素2-2],…	生成嵌套列表
list类型变量[索引1][索引2]	引用嵌套元素
list类型变量[索引1][索引2] = 值	更新嵌套元素

■ 嵌套列表

通过嵌套"[]"的方式，可以创建嵌套列表。嵌套列表的元素可以通过双层方括号引用（也称为访问），也可以通过类似方式更新。下面的代码展示了创建嵌套列表后，如何引用和修改其中的元素。

■ recipe_030_01.py

```python
dl = [["a", "b", "c"], ["d", "e", "f"], ["g", "h", "i"]]
print(dl)
print(dl[1])         # 引用从0开始的第1个列表
print(dl[1][0])      # 引用从0开始的第1个列表中的第0个元素
dl[1][0] = "X"       # 更新从0开始的第1个列表中的第0个元素
print(dl)
```

▼ 执行结果

```
[['a', 'b', 'c'], ['d', 'e', 'f'], ['g', 'h', 'i']]
['d', 'e', 'f']
d
[['a', 'b', 'c'], ['X', 'e', 'f'], ['g', 'h', 'i']]
```

031 获取列表中的元素数

语法

函数	意义
`len(list类型变量)`	返回指定列表的元素数量（类型为 int）

■ len函数

通过内置的len函数，可以获取列表、元组等序列的长度（元素数量）。下面的代码展示了如何使用len函数输出列表元素的个数。

■ recipe_031_01.py

```
l = ["a", "b", "c", "d"]
print(len(l))
```

▼ 执行结果

```
4
```

032 列表中元素的添加和插入

语法

方法	处理和返回值
list类型变量.append(变量)	将指定变量添加到列表末尾，无返回值
list类型变量.insert(N, 变量)	在列表中的第N个位置插入指定变量（从0开始计数），无返回值

■ 使用append方法在末尾添加元素

通过 append 方法，可以将元素添加到列表的末尾。下面的代码示例向包含 3 个元素的列表末尾添加了一个元素。

■ recipe_032_01.py

```python
l = ["苹果", "橘子", "香蕉"]
l.append('草莓')
print(l)
```

▼ 执行结果

```
['苹果', '橘子', '香蕉', '草莓']
```

■ 使用insert方法插入元素

如果要在任意位置插入元素，可以使用insert方法。下面的代码将元素插入到第2个位置和开头位置。

■ recipe_032_02.py

```python
l = ["苹果", "橘子", "香蕉"]
# 添加到第2个位置
l.insert(2, '草莓')
print(l)
```

```python
# 在开头添加元素
l.insert(0, '橙子')
print(l)
```

▼ 执行结果

```
['苹果', '橘子', '草莓', '香蕉']
['橙子', '苹果', '橘子', '草莓', '香蕉']
```

033 删除列表中的元素

语法

语法	意义
`del list`类型变量`[`索引`]`	删除指定索引中的元素

- 使用列表方法删除元素

方法	处理和返回值
`list`类型变量`.remove(`元素`)`	删除指定的元素,无返回值
`list`类型变量`.pop(`索引`)`	删除指定索引中的元素,并在返回值中返回该元素

删除列表元素

按照上文中的语法,有3种方法可以删除列表中的元素。

使用del语句删除列表中的元素

通过del语句,可以根据索引删除列表中的元素。下面的代码示例删除了列表中的第2个元素。

■ recipe_033_01.py

```
l = ["苹果", "橘子", "香蕉", "草莓"]

# 从0开始删除第2个元素
del l[2]
print(l)
```

▼ 执行结果

```
['苹果', '橘子', '草莓']
```

使用remove方法删除指定的元素

可以使用remove方法删除指定的元素。下面的代码删除了列表中的"苹果"。如果存在多个相同的元素,则会删除第1个匹配项。

■ recipe_033_02.py

```
l = ["苹果", "橘子", "香蕉", "草莓", "苹果"]

# 删除元素 "苹果"
l.remove("苹果")
print(l)
```

▼ 执行结果

```
['橘子', '香蕉', '草莓', '苹果']
```

使用pop方法检索元素

pop方法既可以删除指定索引位置的元素，也可以返回被删除的值。下面的代码删除了列表中索引为2的元素，并返回删除元素后的列表及删除元素的值。

■ recipe_033_03.py

```
l = ["苹果", "橘子", "香蕉", "草莓"]

# 删除从0开始的第2个元素
val = l.pop(2)
print(l)
print(val)
```

▼ 执行结果

```
['苹果', '橘子', '草莓']
香蕉
```

034 搜索列表中的元素

语法

方法	返回值
`list`类型变量.`index`(要搜索的值)	返回指定值所在的索引位置

■ 索引搜索

使用index方法可以搜索列表中特定元素的位置。该方法会返回该元素的索引。如果找不到该元素,则会引发ValueError。

■ recipe_034_01.py

```python
l = ["苹果", "橘子", "香蕉", "草莓"]
idx = l.index('橘子')
print(idx)
```

▼ 执行结果

```
1
```

可以看到元素"橘子"的索引是1。

035 使用元组

语法

(元素1，元素2，…)

■ 元组

Python有一种称为tuple类型的变量（在下文中，如果是表示tuple类型的变量，则可能只写为元组）。元组类似于列表，是一种按顺序存储多个元素的变量，但它是一种不可变的变量，一旦生成，就无法更改其值或顺序等内容。生成元组有两种方法。

圆括号和逗号分隔

可以通过在"( )"中以逗号分隔值的方式来生成元组。

```
t1 = ()
t2 = (1, )
t3 = (1, 2)
```

需要注意的是，当元组中的元素只有一个时，需要在末尾加上逗号。如果省略逗号，就会被视为单个变量。下面的代码中，使用圆括号生成元组，但第二个实际上并不是元组，而是被当作整数处理（关于type函数，请参考"092 检查变量的类型"）。

■ recipe_035_01.py

```
t1 = ()
t2 = (1)
t3 = (1, )
print(type(t1))
print(type(t2))
print(type(t3))
```

57

035

使用元组

▼ 执行结果

```
<class 'tuple'>
<class 'int'>
<class 'tuple'>
```

此外，如果存在元素，有时也会省略圆括号。

```
t = 'book', 'pen', 'note'
```

使用tuple函数进行转换

可以使用 tuple() 方法将列表等序列类型转换为元组。

```
l = [1, 2, 3, 4, 5]
t = tuple(l)
```

036 检查元组的元素和元素数

语法

语法	意义
tuple变量[索引]	引用指定索引位置的元素
tuple变量[start:stop:step]	使用切片语法进行部分检索
len(元组)	返回元组的元素数量

■ 引用元组元素

元组是一种类似列表的序列类型变量,可以通过与列表相同的方法引用(访问)其元素。

▶ 通过索引引用元素。
▶ 用切片语法切分部分内容。
▶ 用len检查元组长度。

下面的代码对元组执行3种操作。

▶ 引用第1个元素(从0开始计数)。
▶ 引用从第2到第4个元素的部分(从0开始计数)。
▶ 检查元组长度。

■ recipe_036_01.py

```
t = ("a", "b", "c", "d", "e", "f", "g")
print(t[1])
print(t[2:4])
print(len(t))
```

▼ 执行结果

```
b
('c', 'd')
7
```

037 使用解包

> **语法**
>
> 变量1，变量2，… = 序列(如列表)

■ 解包

列表、元组或字符串等序列支持解包操作，将其元素分配到多个变量中。下面的示例将长度为 3 的列表解包到变量 a、b、c 中。

■ recipe_037_01.py

```
l = [100, 200, 300]
a, b, c = l
print(a, b, c)
```

▼ 执行结果

```
100 200 300
```

执行时，可以确认列表从第 0 个元素开始，依次将元素赋值给变量 a、b、c。需要注意的是，左侧变量和右侧元素的数量必须相同，否则会发生 ValueError。

```
l = [100, 200, 300]
a, b = l
a, b, c, d = l
```

038 交换变量的值

语法

语法	意义
变量1, 变量2 = 变量2, 变量1	交换变量1和变量2的值

■ 交换两个变量的值

Python 支持直接交换两个变量的值。其原理是通过逗号分隔创建一个元组，然后解包。下面的代码用于交换变量x和y的值。

■ recipe_038_01.py

```python
x = 100
y = 200
print(x, y)
x, y = y, x
print(x, y)
```

▼ 执行结果

```
100 200
200 100
```

可以确保变量的值已交换。

039 处理range类型

> **语法**

- 生成range类型变量
▶ 生成从0到(stop-1)的range类型变量

    range(stop)

▶ 生成从start到(stop-1)的range类型变量

    range(start, stop)

▶ 生成从start开始，以step为间隔到(stop-1)的range类型变量

    range(start, stop, step)

■ 生成range类型

　　使用range函数可以生成一种称为range类型的特定范围的连续数字序列。可以用于生成连续数字的列表，或指定循环处理的次数。

　　当生成range类型时，可以在range函数的参数中指定连续数字的起始数值(start)、结束数值(stop)以及步长(step)。需要注意的是，结束数值stop本身不包含在范围内。如果将步长指定为负数，可以生成反向的数字序列。下面是一些示例。

连续编号	range和参数	内部状态
0~3的序列	range(4)	0 1 2 3
4~6的序列	range(4, 7)	4 5 6
3~9，间隔为2	range(3, 10, 2)	3 5 7 9
按10~7的顺序反向	range(10, 6, -1)	10 9 8 7

■ 转换为列表

　　通过在list函数的参数中指定range，可以将其转换为列表。下面的代码将上面示例中的range类型变量转换为列表并输出。

■ recipe_039_01.py

```
r1 = range(4)
r2 = range(4, 7)
r3 = range(3, 10, 2)
r4 = range(10, 6, -1)
print(list(r1))
print(list(r2))
print(list(r3))
print(list(r4))
```

▼ 执行结果

```
[0, 1, 2, 3]
[4, 5, 6]
[3, 5, 7, 9]
[10, 9, 8, 7]
```

040 处理set类型

> **语法**
>
> {元素1，元素2，…}

set类型

Python提供了set类型来处理集合（在下文中，如果是表示set类型的变量，可能只写为set）。与序列类似，集合可以用来处理多个元素，但与序列有以下不同点。

- 没有顺序。
- 无重复元素。

集合无法通过索引引用元素，因为它没有顺序。另外，它是一个集合，因此可以进行集合运算。

由"{}"生成

要生成set，请在大括号中列举元素。

```
s = {1, 3, 5, 7}
```

使用set函数生成

另外，还可以通过将列表等序列作为set的参数来转换成set（集合）。在这种情况下，重复的元素会被去除。下面的代码中，将一个包含重复项的列表作为set的参数。

■ recipe_040_01.py

```
s = set([1, 2, 3, 1, 2, 3])
print(s)
```

▼ 执行结果

```
{1, 2, 3}
```

从执行结果可以看到已转换为set并移除重复项。

另外，如果不带参数使用set函数，可以生成一个空的set类型（{}将生成空的字典）。

```
# 生成空的set类型
empty = set()
```

041 将元素添加到set中

语法

方法	处理和返回值
set类型变量.add(变量)	将参数中指定的变量作为元素添加到set类型变量中，无返回值

■ 添加元素

当要向set中添加元素时，可以使用add方法。在参数中指定要添加的元素。由于set类型不允许元素重复，因此即使添加相同的值，元素的数量也不会增加。下面的代码中，将数字8两次添加到set中。

■ recipe_041_01.py

```python
# 生成set类型
s = {1, 5, 3, 4, 7}
print(s)

# 添加8
s.add(8)
print(s)

# 再次添加8
s.add(8)
print(s)
```

▼ 执行结果

```
{1, 3, 4, 5, 7}
{1, 3, 4, 5, 7, 8}
{1, 3, 4, 5, 7, 8}
```

042 删除set中的元素

语法

方法	处理和返回值
set类型变量.remove(元素)	从set类型变量中删除由参数指定的元素，无返回值

■ 删除元素

如果要删除set中的元素，则使用remove方法。如果要删除所有元素，则使用clear方法。下面的代码首先从set中删除元素8，然后使用clear方法删除所有元素。

■ recipe_042_01.py

```python
# 生成set类型
s = {1, 5, 3, 8, 4, 7}
print(s)

# 删除8
s.remove(8)
print(s)

# 全部删除
s.clear()
print(s)
```

▼ 执行结果

```
{1, 3, 4, 5, 7, 8}
{1, 3, 4, 5, 7}
set()
```

043 判断set中是否存在某个元素

> **语法**

语法	意义
元素 in set类型变量	如果元素包含在set中，则返回True

■ 存在判定

如果要确定set中是否包含一个值，则使用in。下面的代码用于判断set中是否包含3和8。

■ recipe_043_01.py

```
s = {1, 5, 3, 4, 7}
print(s)
print(3 in s)
print(8 in s)
```

▼ 执行结果

```
{1, 3, 4, 5, 7}
True
False
```

044 对集合进行逻辑运算

语法

方法	返回值
s1.union(s2)	以set类型返回s1和s2的并集
s1.intersection(s2)	以set类型返回s1和s2的交集
s1.difference(s2)	以set类型返回s1和s2的差集
s1.issubset(s2)	如果s1包含在s2中，则返回True
s1.issuperset(s2)	如果s1包含s2，则返回True

※s1和s2表示set类型的变量。

set类型的集合运算

set类型的特点是可以执行集合运算。在Python中利用这个特点，可以在不使用循环等控制语句的情况下求并集或差集。

并集

使用set类型变量的union方法，可以得到两个集合的并集，即两个集合元素的总和。下面的代码中求出了两个set类型变量的并集。

■ recipe_044_01.py

```
s1 = {'A', 'B', 'C'}
s2 = {'C', 'D', 'E'}
s = s1.union(s2)  # s1和s2之间的并集
print(s)
```

▼ 执行结果

```
{'D', 'E', 'B', 'C', 'A'}
```

交集

使用set变量的intersection方法，可以得到两个集合的交集，即两个集合的共同元素。下面的代码中求出了两个set类型变量的交集。

■ recipe_044_02.py

```
s1 = {'A', 'B', 'C'}
s2 = {'C', 'D', 'E'}
s = s1.intersection(s2)
print(s)
```

▼ 执行结果

```
{'C'}
```

从执行结果可以验证已获取公共元素C。

差集

使用set变量的difference方法，可以得到两个集合的差集，即存在于原集合中但不存在于比较集合中的元素集合。下面的代码中求出了两个set类型变量的差集。

■ recipe_044_03.py

```
s1 = {'A', 'B', 'C'}
s2 = {'C', 'D', 'E'}

# s1 - s2
# s1 - s2 = 在s1中而不在s2中 = A, B
s = s1.difference(s2)
print(s)

# s2 - s1
# s2 - s1 = 在s2中而不在s1中 = D, E
s = s2.difference(s1)
print(s)
```

▼ 执行结果

```
{'B', 'A'}
{'D', 'E'}
```

请注意，如上面的示例所示，difference方法与union方法和intersection方法不同，运算顺序会影响结果。

044

对集合进行逻辑运算

包含判定

set类型提供了一种方法,用于判断一个集合是否包含在另一个集合中,或者是否包含另一个集合。

- **判断一个集合是否包含在另一个集合中**

如果一个集合s1包含在另一个集合s2中,则s1是s2的subset(子集)。可以使用set类型的issubset方法来判断。

下面的代码用于判断s1是否包含在s2中。s1是s2的子集,因此返回True。

■ recipe_044_04.py

```
s1 = {'A', 'B'}
s2 = {'A', 'B', 'C'}
b = s1.issubset(s2)
print(b)
```

▼ 执行结果

```
True
```

- **判断一个集合是否包含另一个集合**

如果一个集合s1包含另一个集合s2,则s1是s2的superset(超集)。可以使用set类型的issuperset方法来判断。

下面的代码用于判断s1是否包含s2。s1是s2的超集,因此返回True。

■ recipe_044_05.py

```
s1 = {'A', 'B', 'C'}
s2 = {'A', 'B'}
b = s1.issuperset(s2)
print(b)
```

▼ 执行结果

```
True
```

045 生成字典

语法

{关键字1：元素1，关键字2：元素2，…}

■ 字典类型

字典是一种可以存储多个值的数据结构，由键值对组成。Python中提供了用于处理字典的dict类型（后面在表示dict类型变量时可能会简称为字典）。

使用"{}"生成字典

将键和值用冒号连接并列举在大括号"{}"内，是最简单的生成字典的方法。下面的代码生成了一个以英文星期为键、中文意思为值的字典。

■ recipe_045_01.py

```python
# 为星期几生成字典
week_days = {'Monday': '星期一', 'Tuesday': '星期二', 'Wednesday': '星期三', 'Thursday': '星期四', 'Friday': '星期五', 'Saturday': '星期六', 'Sunday': '星期日'}
print(week_days)
```

此外，如果在"{}"中未指定任何内容，则会生成一个空字典。

```python
empty = {}
```

使用dict函数生成字典

使用dict函数也可以从嵌套列表生成字典。如果将包含键和值的二重序列作为dict()的参数，就可以将其转换为字典。下面的代码中，已经将上面的代码改写为使用嵌套列表的代码。

045

生成字典

```
week_days_list = [["Monday", "星期一"], ["Tuesday", "星期二"],
["Wednesday", "星期三"], ["Thursday", "星期四"], [ "Friday", "星期五"],
["Saturday", "星期六"], ["Sunday", "星期日"]]
week_days_dict = dict(week_days_list)
print(week_days_dict)
```

此外，如果未指定任何参数，则会生成一个空字典。

```
empty = dict()
```

可用作键的变量

只有类型为hashable(可哈希的)的变量才能用作字典的键。内置变量的类型包括以下几种。

- hashable变量类型示例
▶ int类型。
▶ str类型。
▶ tuple类型。

而list、set和dict类型不是hashable，因此不能用作键。

046 引用字典中的值

语法

- 使用"[]"引用

语法	意义
dict类型变量[键]	获取与指定键对应的值,如果键不存在,则出现KeyError

- 使用get方法引用

方法	返回值
dict类型变量.get(键)	返回与指定键对应的值。如果键不存在,则返回None
dict类型变量.get(键,默认值)	返回与指定键对应的值。如果键不存在,则返回参数中设置的默认值

引用字典中的值的方法

在序列中引用(访问)值时需要指定索引,而在字典中可以通过指定键来引用(访问)值。下面提供了两种方法指定和引用字典中的值。

用"[]"引用

在方括号"[]"中指定键即可访问字典的值。下面的代码通过指定key1来访问存储的值。

■ recipe_046_01.py

```
d = {"key1": 100, "key2": 200}
val = d["key1"]
print(val)
```

▼ 执行结果

```
100
```

046

引用字典中的值

此外,设置不存在的键会导致KeyError。以下代码在执行时会出现KeyError。

```
d = {"key1": 100, "key2": 200}
val = d["keyX"]
```

用get方法引用

字典中提供了get方法,可以通过指定键来访问元素。与"[]"不同,使用get方法时,即使指定的键不存在也不会引发错误,而是会返回None。

■ recipe_046_02.py

```
d = {"key1": 100, "key2": 200}
# 指定存在的键
val1 = d.get("key1")
print(val1)

# 指定不存在的键
val2 = d.get("keyX")
print(val2)
```

▼ 执行结果

```
100
None
```

用get方法设置默认值

如果第2个参数中指定的键不存在,则可以用get方法设置默认值。

■ recipe_046_03.py

```
# 前一代码的延续
val3 = d.get("keyX", 999)
print(val3)
```

▼ 执行结果

```
999
```

047 在字典中添加和更新值

> **语法**
>
> dict类型变量[键] = 值

■ 添加值

如果要将值添加到字典中,则在"[]"中指定一个键并进行赋值即可。下面的代码添加了键为key2且值为200的元素。

■ recipe_047_01.py

```python
d = {"key1": 100}
# 添加键为key2且值为200的元素
d["key2"] = 200
print(d)
```

▼ 执行结果

```
{'key1': 100, 'key2': 200}
```

■ 更新值

由于字典的键是唯一的,因此重复执行相同的操作将更新现有值,而不是添加元素。下面的代码用于将刚才添加的key2元素的值更新为300。

■ recipe_047_02.py

```python
# 前一代码的延续
# 更新key2元素的值
d["key2"] = 300
print(d)
```

▼ 执行结果

```
{'key1': 100, 'key2': 300}
```

048 检索字典中的所有键和值

> **语法**

方法	返回值
dict类型变量.keys()	dict_keys对象（所有键）
dict类型变量.values()	dict_values对象（所有值）
dict类型变量.items()	dict_items对象（所有键/值对）

■ 检索所有键

使用keys方法可以检索字典中的所有键都可以引用的dict_keys对象。

■ recipe_048_01.py

```
d = {"key1": 100, "key2": 200}
keys = d.keys()
print(keys)
```

▼ 执行结果

```
dict_keys(['key1', 'key2'])
```

■ 检索所有值

使用values方法可以检索字典中的所有值都可以引用的dict_values对象。

■ recipe_048_02.py

```
d = {"key1": 100, "key2": 200}
print(d.values())
```

▼ 执行结果

```
dict_values([100, 200])
```

检索所有键/值对

使用items方法可以检索字典中所有键/值对都可以引用的dict_items对象。

■ recipe_048_03.py

```
d = {"key1": 100, "key2": 200}
print(d.items())
```

▼ 执行结果

```
dict_items([('key1', 100), ('key2', 200)])
```

转换为列表

keys、values和items的返回值都是可迭代的，并且可以进行循环处理或转换为列表，如下面的代码所示。

■ recipe_048_04.py

```
d = {"key1": 100, "key2": 200}
key_list = list(d.keys())
value_list = list(d.values())
item_list = list(d.items())

print(key_list)
print(value_list)
print(item_list)
```

▼ 执行结果

```
['key1', 'key2']
[100, 200]
[('key1', 100), ('key2', 200)]
```

循环的信息可参见第3章内容。

049 判断字典中的键和值是否存在

语法

语法	意义
键 in dict类型变量.keys()	判断键是否存在
值 in dict类型变量.values()	判断值是否存在
(键，值) in dict类型变量.ite()	判断键/值对是否存在

■ 判断键是否存在

可以使用in关键字对keys方法的返回值对象进行检查，以判断键是否存在。例如，下面的代码将判断key1这个键是否存在，并将结果赋值给变量b。

■ recipe_049_01.py

```
d = {"key1": 100, "key2": 200}
b = ("key1" in d.keys())
print(b)
```

▼ 执行结果

```
True
```

■ 判断值是否存在

可以使用in关键字对values方法的返回值对象进行检查，以判断值是否存在。例如，下面的代码将判断值为200的组合是否存在，并将结果赋值给变量b

■ recipe_049_02.py

```
d = {"key1": 100, "key2": 200}
b = (200 in d.values())
print(b)
```

▼ 执行结果

```
True
```

▪ 判断键/值对是否存在

可以使用in关键字对items方法的返回值对象进行检查,以判断键/值对组合是否存在。例如,下面的代码将判断键为key2、值为200的组合是否存在,并将结果赋值给变量b。

■ recipe_049_03.py

```
d = {"key1": 100, "key2": 200}
b = (("key2", 200) in d.items())
print(b)
```

▼ 执行结果

```
True
```

050 删除字典中的元素

> **语法**

- 使用del语句删除字典中的元素

语法	意义
`del dict`类型变量`['键']`	删除指定键的元素

- 使用pop方法删除字典中的元素

方法	处理和返回值
`dict`类型变量`.pop('键')`	删除指定键的元素并返回该元素

del语句

与列表类似,可以使用del语句删除指定的元素。因为它是语句而不是函数或方法,所以不会返回值。下面的代码删除了键为key2的元素。

■ recipe_050_01.py

```python
d = {"key1": 100, "key2": 200}
print(d)
# 删除key2元素
del d["key2"]
print(d)
```

▼ 执行结果

```
{'key1': 100, 'key2': 200}
{'key1': 100}
```

pop方法

字典类型的变量提供了pop方法。顾名思义,这是一个用于取出(pop)值的方法,因此可以代替删除操作使用。该方法会将取出的值作为返回值返回。在下面的代码中,与上述代码一样删除了key2,不过请注意,这里会确认返回值为key2对应的值。

80

■ recipe_050_02.py

```python
d = {"key1": 100, "key2": 200}
print(d)
# 删除key2元素
val = d.pop("key2")
print(d)
print(val)
```

▼ 执行结果

```
{'key1': 100, 'key2': 200}
{'key1': 100}
200
```

■ 使用clear方法删除字典中的所有元素

可以使用clear方法删除字典中的所有元素。

■ recipe_050_03.py

```python
d = {"key1": 100, "key2": 200}
d.clear()
print(d)
```

▼ 执行结果

```
{}
```

051 bytes类型变量

语法	
变量例1	b1 = bytes([0, 127, 255])
变量例2	b2 = b'abc'

■ byte和bytes类型

　　bytes类型是用来处理字节序列的变量类型，通常用于处理二进制数据。通常很少直接使用字面量，但在文件操作或通信等外部资源交换时经常用到。不过，通过将0到255范围内的整数列表作为参数传递给bytes，可以生成字面量。需要注意的是，如果指定了超出8位范围的值，会引发 ValueError。下面的代码展示了如何通过 bytes生成一个字节序列，该字节序列在16进制表示下为 00617AFE。

```
b = bytes([0, 97, 122, 254])
```

■ ASCII和bytes类型

　　当使用print函数打印输出生成的bytes类型变量时，显示的将是一个以b开头的字符串。因为ASCII码的范围与一个字节相对应，所以对于除控制字符以外的可以正常打印输出的字符（称为可打印字符），将直接显示该字符；而对于其他字符，将以x加上16进制数的形式显示。实际上，在前面的代码中，61和7A分别对应ASCII码中的a和z，因此使用print函数输出时，将得到以下结果。

■ recipe_051_01.py

```
# 前一代码的延续
print(b)
```

▼ 执行结果

```
b'\x00az\xfe'
```

　　另外，也可以通过以b开头的字符串将ASCII字符串编码为字节。下面的代码将ASCII字符串"Python"编码为字节类型的bytes，并将其赋值给变量pb。

```
pb = b'Python'
```

控制语句

第3章

052 用if语句处理条件分支

> **语法**
>
> if 条件表达式：
>   条件表达式为true时

if语句

当需要在满足特定条件时执行某个处理时，可以使用if语句。在if的右侧编写比较运算或布尔值等条件表达式。从if语句开始到分支处理结束的部分需要进行缩进。在下面的代码中，当变量x的值大于3时，输出变量的值。另外，第5行的print函数位于分支处理的外部，因此无论条件表达式的结果如何都会执行。

■ recipe_052_01.py

```
x = 5
if 3 < x:
    print("x大于3")

print("结束处理")
```

▼ 执行结果

```
x大于3
结束处理
```

如前所述，也可以使用布尔值。在下面的代码中，将比较运算的结果先存储在bool类型中，然后指定给if语句，从而重写了之前的代码。

```
x = 5
b = (x > 3)
if b:
    print("x大于3")
```

053 变量在条件表达式中的计算结果

语法

- 被判定为假的变量示例

类型	值
bool	False
int	0
float	0.0
str	""
tuple	()
list	[]
set	set()
dict	{}
NoneType	None

■ 在条件表达式中计算变量

if语句的条件表达式除了会根据布尔值进行判断外，还会根据值的类型进行判定。像零、空白、空的集合等没有值的情况会被判定为假，而可以认为有值的情况则被判定为真。在下面的代码中，使用零和空列表等来检查if语句条件表达式的判定结果。另外，关于代码中的format方法，请参阅"152 在字符串中嵌入值"。

■ recipe_053_01.py

```
x1 = 0
if x1:
    print('{}被判定为真'.format(x1))
else:
    print('{}被判定为假'.format(x1))

x2 = 1
if x2:
    print('{}被判定为真'.format(x2))
else:
    print('{}被判定为假'.format(x2))
```

053

变量在条件表达式中的计算结果

```python
x3 = []
if x3:
    print('{}被判定为真'.format(x3))
else:
    print('{}被判定为假'.format(x3))

x4 = [0]
if x4:
    print('{}被判定为真'.format(x4))
else:
    print('{}被判定为假'.format(x4))

x5 = {}
if x5:
    print('{}被判定为真'.format(x5))
else:
    print('{}被判定为假'.format(x5))

x6 = {"key": 0}
if x6:
    print('{}被判定为真'.format(x6))
else:
    print('{}被判定为假'.format(x6))
```

▼ 执行结果

```
0被判定为假
1被判定为真
[]被判定为假
[0]被判定为真
{}被判定为假
{'key': 0}被判定为真
```

054 使用多个条件分支（else、elif）

语法

```
if 条件表达式1:
    条件表达式1为真时的处理
elif 条件表达式2:
    条件表达式1为假，条件表达式2为真时的处理
else:
    条件表达式1为假且条件表达式2为假时的处理
```

elif

当需要使用多个条件分支时，可以使用elif。在if和elif后面写入条件。elif可以多次写入。例如，当变量x小于0、等于0、大于0时，分别输出不同的消息，可以按如下代码编写。

■ recipe_054_01.py

```
x = 10
if x < 0:
    print('x小于0。')
elif x == 0:
    print('x等于0。')
elif x > 0:
    print('x大于0。')
```

else

else表示在不满足if和elif中的任何条件时要执行的操作。在下面的代码中，使用if和elif判断x是否是2的倍数或3的倍数；如果都不是，则执行else操作。

054

使用多个条件分支(else、elif)

- recipe_054_02.py

```python
x = 23
if x % 2 == 0:
    print("x是2的倍数。")
elif x % 3 == 0:
    print("x是3的倍数。")
else:
    print("x既不是2的倍数,也不是3的倍数。")
```

▼ 执行结果

x既不是2的倍数,也不是3的倍数。

055 使用三元运算符

> **语法**
>
> 值为true if 条件表达式 else 值为false

三元运算符

Python的三元运算符使用 if else 编写。在下面的代码中，变量age中存储了表示年龄的值，根据该值判断是成年人还是未成年人并将结果存储在is_adult中。

■ recipe_055_01.py

```
age=10
is_adult = "成年人" if age >= 18 else "未成年人"
print(is_adult)

age=40
is_adult = "成年人" if age >= 18 else "未成年人"
print(is_adult)
```

▼ 执行结果

```
未成年人
成年人
```

056 对列表等可迭代对象进行循环处理

> **语法**
>
> ```
> for 变量 in 可迭代对象：
>     处理
> ```

■ 可迭代对象和for语句

在对列表、元组等可迭代对象的各个元素进行重复处理时，使用for语句。在for的右侧写入在循环中使用的变量名。for语句以下需要缩进，直到循环处理的部分为止。在下面的代码中，使用for语句对存储数字的列表进行遍历，将每个元素乘以2并通过print输出。此外，第6行的print函数写在循环处理的外部，因此只会执行一次。

■ recipe_056_01.py

```python
nums = [1, 3, 7, 2, 9]
for x in nums:
    y = x * 2
    print(y)

print("结束处理")
```

▼ 执行结果

```
2
6
14
4
18
结束处理
```

057 在for语句中执行指定次数的循环

语法

语法	意义
`for 循环变量 in range(处理计数):`	执行指定次数的循环处理

■ 指定range处理的次数

for语句可以在没有计数器的情况下重复执行,但如果要执行特定次数的处理,则使用range。下面的代码将"Hello world."输出3次。

■ recipe_057_01.py

```
for i in range(3):
    print("Hello world.")
```

▼ 执行结果

```
Hello world.
Hello world.
Hello world.
```

058 对字典进行循环处理

语法

语法	意义
`for 变量 in dict类型变量.keys():`	按键循环
`for 变量 in dict类型变量.values():`	按值循环
`for 键变量, 值变量 in dict类型变量.items():`	按键和值循环

■ 按键循环

使用keys方法可以获得键迭代器。通过与for语句结合,可以循环使用字典中的每个键。下面的代码将字典中的键逐行输出。

■ recipe_058_01.py

```
d = {"key1": 100, "key2": 200, "key3": 300}
for key in d.keys():
    print(key)
```

▼ 执行结果

```
key1
key2
key3
```

在for语句中,keys是可选的,上面的代码按以下方式也可以得到类似的结果。

```
for key in d:
```

■ 按值循环

使用values方法可以获得值迭代器。通过与for语句结合,可以循环使用字典中的每个值。下面的代码将字典中的值逐行输出。

■ recipe_058_02.py

```python
d = {"key1": 100, "key2": 200, "key3": 300}
for value in d.values():
    print(value)  # 输出值
```

▼ 执行结果

```
100
200
300
```

按键和值循环

使用items方法可以获得键和值迭代器。通过与for语句结合，可以循环使用字典中的每个键和值。下面的代码将字典中的键和值逐行输出。

■ recipe_058_03.py

```python
d = {"key1": 100, "key2": 200, "key3": 300}
for key, value in d.items():
    print(key, value)
```

▼ 执行结果

```
key1 100
key2 200
key3 300
```

059 在for语句中使用循环计数器

语法

语法	意义
`for 计数器, 变量 in enumerate(可迭代变量):`	带计数器的循环

■ enumerate函数

当需要使用循环计数器进行处理，例如只处理特定位置的元素时，可以使用内置的enumerate函数。循环计数器从0开始。下面的代码中，除了0号元素外，将列表的其他元素与循环计数器一起逐行输出。

■ recipe_059_01.py

```python
l = ['a', 'b', 'c']
for idx, val in enumerate(l):
    if idx != 0:
        print(idx, val)
```

▼ 执行结果

```
1 b
2 c
```

■ 将字典与items一起使用

当enumerate函数与items一起使用时，键/值对必须用圆括号括起来。下面的代码逐行输出循环计数器、字典的键和值。

■ recipe_059_02.py

```python
d = {'key1': 110, 'key2': 220, 'key3': 330}

for idx, (key, value) in enumerate(d.items()):
    print(idx, key, value)
```

▼ 执行结果

```
0 key1 110
1 key2 220
2 key3 330
```

060 同时循环多个列表（for语句）

语法

语法	意义
for 变量1, 变量2 in zip(list类型变量1, list类型变量2):	循环两个列表中的元素

■ zip函数

使用内置函数zip可以获取一个迭代器，用于同时遍历多个可迭代对象。下面的代码中，zip函数用于将两个列表的元素逐行同时输出。

■ recipe_060_01.py

```python
list1 = ["a", "b", "c"]
list2 = [1, 2, 3]
for x, y in zip(list1, list2):
    print(x, y)
```

▼ 执行结果

```
a 1
b 2
c 3
```

zip函数可以指定两个以上的变量进行处理。如果这些变量的元素数量不同，zip会以最少的元素数量为准进行对齐。下面是尝试使用三个元素数量不同的列表时的情况。

■ recipe_060_02.py

```python
list1 = ["a", "b", "c", "d"]
list2 = [1, 2, 3]
list3 = ["A", "B", "C", "D", "F"]
for x, y, z in zip(list1, list2, list3):
    print(x, y, z)
```

▼ 执行结果

```
a 1 A
b 2 B
c 3 C
```

从执行结果可以看出，处理是按照元素数量最少的list2进行的。

061 反向循环列表（for语句）

语法

语法	意义
for 变量 in reversed(list类型变量):	使用reversed函数反向循环列表
for 变量 in list类型变量[::-1]:	使用切片语法反向循环列表

▬ reversed函数

内置的reversed函数可以以相反的顺序生成迭代器。下面的代码用于按相反的顺序输出列表中的元素。

■ recipe_061_01.py

```
l = [1, 2, 3, 4, 5]
for x in reversed(l):
    print(x)
```

▼ 执行结果

```
5
4
3
2
1
```

▬ 切片语法

使用切片语法也可以按相反的顺序输出列表中的元素。如果在切片语法的第3个参数中指定-1，则可以获得相反顺序的列表。下面使用切片语法代替刚才的reversed函数，代码如下所示。

- recipe_061_02.py

```
l = [1, 2, 3, 4, 5]
for x in l[::-1]:
    print(x)
```

结果与使用reversed函数的处理结果相同。

062 使用列表推导式

> **语法**

语法	意义
[新列表中的元素 for 变量 in 可迭代变量]	简单的列表推导式
[新列表中的元素 for 变量 in 可迭代变量 if 元素的条件]	带条件分支的列表推导式

■ 列表推导式

有一种方法可以对列表中的每个元素进行处理,以得到一个新的列表,这种方法称为列表推导式。下面的代码使用列表推导式将存储数值的列表的每个元素乘以2,生成新的列表。

■ recipe_062_01.py

```
list1 = [1, 2, 3]
list2 = [val * 2 for val in list1]
print(list2)
```

▼ 执行结果

```
[2, 4, 6]
```

如果不使用列表推导式来获得与上面代码相同内容的列表,代码如下所示。可以看出,使用列表推导式可以使代码更加简洁。

```
list1 = [1, 2, 3]
list2 = []
for val in list1:
    list2.append(val * 2)
print(list2)
```

■ 与if语句结合使用的列表推导式

列表推导式可以与if语句结合使用。这样，就可以从列表中提取满足特定条件的元素。下面的代码从整数列表中提取奇数元素，并将这些元素乘以2，生成新的列表。

■ recipe_062_02.py

```python
list1 = [1, 2, 3]
list2 = [val * 2 for val in list1 if val % 2 == 1]
print(list2)
```

▼ 执行结果

```
[2, 6]
```

063 使用集合推导式

语法

语法	意义
{新集合中的元素 for 变量 in 可迭代变量}	简单的集合推导式
{新集合中的元素 for 变量 in 可迭代变量 if 元素的条件}	带条件分支的集合推导式

■ 集合推导式

集合推导式与列表推导式类似，可以从列表等可迭代变量中生成新的集合。下面的代码生成了一个将列表中每个元素乘以2的集合。

■ recipe_063_01.py

```python
list1 = [1, 2, 3]
set2 = {val * 2 for val in list1}
print(set2)
```

▼ 执行结果

```
{2, 4, 6}
```

■ 与if语句结合使用的集合推导式

与列表推导式类似，集合推导式也可以与if语句结合使用。下面的代码从整数列表中提取奇数元素，并将这些元素乘以2，生成新的集合。

■ recipe_063_02.py

```python
list1 = [1, 2, 3]
set2 = {val * 2 for val in list1 if val % 2 == 1}
print(set2)
```

▼ 执行结果

```
{2, 6}
```

064 使用字典推导式

语法

语法	意义
{新字典键:值 for 变量 in 可迭代变量}	简单的字典推导式
{新字典键:值 for 变量 in 可迭代变量 if 元素的条件}	带条件分支的字典推导式

■ 字典推导式

使用字典推导式可以从列表或字典等可迭代变量中生成新的字典。下面的代码生成了一个将列表中每个元素作为键，值为0的字典。

■ recipe_064_01.py

```
list1 = [1, 2, 3]
dict2 = {val: 0 for val in list1}
print(dict2)
```

▼ 执行结果

```
{1: 0, 2: 0, 3: 0}
```

与列表推导式类似，也可以使用if语句指定条件。下面的代码生成了一个将列表中大于等于2的元素作为键，值为0的字典。

■ recipe_064_02.py

```
list1 = [1, 2, 3]
dict2 = {val: 0 for val in list1 if val >= 2}
print(dict2)
```

▼ 执行结果

```
{2: 0, 3: 0}
```

下面介绍了与items方法和zip函数一起使用的常用方法。

使用items方法从现有字典中生成新字典

在对某个字典的值进行处理并生成新字典时，可以将字典推导式与items方法结合使用。下面的代码展示了如何将现有字典的值乘以2，从而生成一个新的字典。

064

使用字典推导式

- recipe_064_03.py

```python
d1 = {"key1": 100, "key2": 200, "key3": 300}
d2 = {key: value * 2 for key, value in d1.items()}
print(d2)
```

▼ 执行结果

```
{'key1': 200, 'key2': 400, 'key3': 600}
```

与zip函数一起使用

使用zip函数可以同时遍历两个列表。下面的代码展示了如何将两个列表中的一个列表的元素作为键，另一个列表中的元素作为值，生成一个字典。

- recipe_064_04.py

```python
list1 = ["a", "b", "c"]
list2 = [1, 2, 3]
d = {key: value for key, value in zip(list1, list2)}
print(d)
```

▼ 执行结果

```
{'a': 1, 'b': 2, 'c': 3}
```

065 满足条件的循环处理（while语句）

语法

```
while 表达式：
    处理
```

■ 条件表达式和while语句

Python中除了提供for循环外，还提供了while循环。while循环会在指定的条件为true时继续执行。while循环体内的代码需要缩进，直到循环结束。下面的代码展示了，当变量num小于5时，程序会每次增加1并输出num的值。此外，第6行的print函数位于循环外部，因此只执行一次。

■ recipe_065_01.py

```python
num = 0
while num < 5:
    num += 1
    print(num)

print("结束处理")
```

▼ 执行结果

```
1
2
3
4
5
结束处理
```

066 在特定条件下退出循环

语法

语法	意义
break	退出循环

▪ break

在循环过程中，可能需要在某些情况下退出循环。使用break可以中途退出循环。下面的代码用于计算列表中存储的数字的平方根并输出，但如果出现负值，则会中断处理并退出循环。有关如何编写代码中的第5行，即从f开始的字符串的信息，请参见"153 格式化字符串文本"。

▪ recipe_066_01.py

```
import math
l = [1, 64, 9, -49, 100]
for x in l:
    if x < 0:
        print(f"{x}是负数，因此无法计算。退出循环")
        break
    s = math.sqrt(x)
    print(s)
```

▼ 执行结果

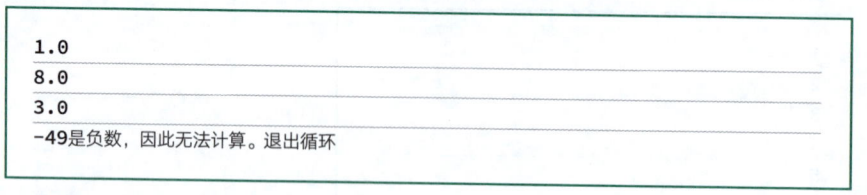

```
1.0
8.0
3.0
-49是负数，因此无法计算。退出循环
```

可以确保break之后没有任何操作。

067 在特定条件下跳过处理

语法

语法	意义
`continue`	跳过处理

■ continue

在循环处理过程中,如果遇到特定条件,可能需要跳过当前循环的后续处理,继续执行下一个循环。使用continue可以实现这一点。下面的代码计算列表中数值的平方根并输出,如果遇到负数,则跳过当前处理,继续计算下一个值。

■ recipe_067_01.py

```python
import math
l = [1, 64, 9, -49, 100]
for x in l:
    if x < 0:
        print(f"{x}是负数,因此无法计算。跳过")
        continue
    s = math.sqrt(x)
    print(s)
```

▼ 执行结果

```
1.0
8.0
3.0
-49是负数,因此无法计算。跳过
10.0
```

与break不同,continue后循环处理会继续进行。break会完全终止循环,而continue只是跳过当前循环的剩余部分,直接进入下一次循环。

068 在没有break的情况下执行处理

语法

语法	意义
else	在没有break的情况下执行处理

break和else

在Python的for循环和while循环中,可以结合使用break和else,使得只有在循环没有被break终止时,才执行特定的处理。下面的代码通过循环遍历数字列表,检查是否存在负数,如果没有找到负数,则执行else代码块,输出相应的信息。

■ recipe_068_01.py

```python
l = [0, 3, 1, 10]
for x in l:
    if x < 0:
        print("检查到负数")
        break
else:
    print("未检查到负数")
```

▼ 执行结果

```
未检查到负数
```

另外,如果将上面代码中的变量 l 修改为包含负数的列表,那么可以确认else代码块不会执行。换句话说,当循环遇到break(在此情况下是遇到负数时),else部分的代码就不会执行。

■ recipe_068_02.py

```python
l = [0, 3, -1, 10]
```

▼ 执行结果

```
检查到负数
```

在while语句中,break和else也可以结合使用。

函数

第4章

069　使用函数

语法

- 定义函数

```
def 函数名(参数):
    处理
    return 返回值
```

- 调用函数

```
用于存储返回值的变量 = 函数名(参数)
```

■ 定义和调用函数

函数是对输入值进行处理并返回结果的一系列操作的集合。传递给函数的值称为参数，从函数返回的值称为返回值。

定义函数

在Python中，使用def来定义函数。可以在函数名后面指定参数，并使用return将值返回给调用者。def语句以下的部分是函数的处理部分，需要进行缩进。下面的代码定义了一个函数，该函数将两个参数指定的数字相加并返回结果。

```
def add_two_numbers(x, y):
    value = x + y
    return value
```

上面代码中的x和y是参数，value是返回值。

调用函数

调用已定义的函数时，需要指定函数名和参数。如果存在返回值，可以将其赋值给变量。下面的代码调用了刚才定义的函数，并将结果赋值给变量z1和z2，然后进行打印输出。在该代码中，x和y是参数，value是返回值。

- recipe_069_01.py

```
def add_two_numbers(x, y):
    value = x + y
    return value

z1 = add_two_numbers(10, 20)
print(z1)
z2 = add_two_numbers(6, 17)
print(z2)
```

▼ 执行结果

```
30
23
```

无参数、无返回值的函数

如果没有参数，则在定义和调用时只需简单地写一个空的"()"。没有返回值的函数将返回 None。下面的代码定义并调用了一个没有参数和返回值的函数，该函数仅进行打印输出。

- recipe_069_02.py

```
# 定义函数
def say_hello():
    print("Hello!")

# 调用函数
say_hello()
value = say_hello()
print(value)
```

▼ 执行结果

```
Hello!
Hello!
None
```

070 使用位置参数和关键字参数

语法

语法	意义
函数名(参数1=值1，参数2=值2，参数3=值3，…)	使用关键字参数的函数调用

■ 位置参数和关键字参数

在Python中调用函数时，可以通过两种方式来传递参数：位置参数和关键字参数。

位置参数

位置参数指的是调用方按照函数定义时形参的顺序来指定实参的方式。例如，我们来看一个计算订单金额的函数，公式为：(单价 × 数量 + 手续费) × 消费税率。

■ recipe_070_01.py

```
# 计算订单金额的函数
def calc_billing_amount(tanka, suryo, tesuryo, tax_rate):
    return (tanka * suryo + tesuryo) * tax_rate

# 基于位置参数的函数调用（单价为100日元，数量为10个，手续费为50日元，消费税率为1.1）
x = calc_billing_amount(100, 10, 50, 1.1)

# 输出结果
print(x)
```

这种按顺序指定参数的方法称为位置参数。

关键字参数

位置参数虽然简洁，方便函数调用，但如果参数顺序不小心弄错了，就会执行错误的处理。例如，在上面的函数中，如果手续费和单价的位置交换了，计算结果就会不同。

为了解决这个问题，关键字参数非常有用。Python允许在函数调用时指定参数名，这就是关键字参数。当使用关键字参数时，可以像下面的例子那样进行指定。

112

```
x = calc_billing_amount(tanka=100, suryo=10, tesuryo=50, tax_
rate=1.1)
print(x)
```

▼ 执行结果

```
1155.0
```

通过指定关键字，可以防止参数的混淆。此外，使用关键字参数时，可以任意交换参数的顺序。例如，下面的代码可以得到相同的结果。

```
x = calc_billing_amount(tax_rate=1.1, suryo=10, tanka=100,
tesuryo=50)
print(x)
```

混合使用位置参数和关键字参数

还可以混合使用位置参数和关键字参数。在下面的示例中，前面的是位置参数，后面的是关键字参数。

```
x = calc_billing_amount(100, 10, tesuryo=50, tax_rate=1.1)
```

但是，位置参数不能在关键字参数之后。

```
# NG示例（错误的示例）
x = calc_billing_amount(100, 10, tesuryo=50, 1.1)
```

071 使用可变长位置参数

语法

语法	意义
def 函数名(参数1, 参数2, *args):	可变长位置参数

■ 可变长位置参数

Python的函数可以支持可变数量的参数。例如，对于位置参数来说，可以设定第1个和第2个参数是必需的，第3个及以后的参数是可选的。这种可接受任意数量参数的方式被称为可变长参数。在参数前加一个星号"*"，就可以将其定义为可变长的位置参数，调用函数时传入的所有额外位置参数会被收集到一个元组中。可变长位置参数通常使用变量名args。

下面的代码定义了仅输出参数的函数，但第1个和第2个参数是必需的，其余参数是可选的。

■ recipe_071_01.py

```
def func(x, y, *args):
    print(f"第1个参数:{x}")
    print(f"第2个参数:{y}")
    if args:
        print(f"第3个及以后的参数:{args}")

func(1, 2)
print("-----")
func(1, 2, 3, 4, 5)
```

▼ 执行结果

```
第1个参数:1
第2个参数:2
-----
第1个参数:1
第2个参数:2
第3个及以后的参数:(3, 4, 5)
```

可以确认，无论函数是否存在第3个及之后的参数，都能正常运行。同时还可以确认，第3个及之后的参数是以元组的形式被存储的。

072 使用可变长关键字参数

语法

语法	意义
def 函数名(参数1，参数2，**kwargs):	可变长关键字参数
def 函数名(参数1，参数2，*args，**kwargs)	可变长位置参数和可变长关键字参数

■ 可变长关键字参数

不仅位置参数可以设置为可变长，关键字参数也可以设为可变长。要实现关键字参数的可变长，只需在参数名前加上两个星号"**"。这种可变长关键字参数通常使用变量名 kwargs。可变长关键字参数在调用时以字典的形式接收键值对。下面的代码定义了一个简单的函数，用于打印输出参数，其中第 1 个和第 2 个参数是必需的，其后可以指定任意数量的关键字参数。

■ recipe_072_01.py

```python
def func(x, y, **kwargs):
    print(f"参数x:{x}")
    print(f"参数y:{y}")
    if kwargs:
        print(f"第3个及以后的参数:{kwargs}")


func(x=1, y=2)
print("-----")
func(x=1, y=2, z=3, w=4)
```

▼ 执行结果

```
参数x:1
参数y:2
-----
参数x:1
参数y:2
第3个及以后的参数:{'z': 3, 'w': 4}
```

072
使用可变长关键字参数

还可以看到第3个及以后的参数是以字典格式设置的。

■ 使用可变长位置参数和可变长关键字参数

可变长参数可以与位置参数和关键字参数混合使用。在这种情况下，应按可变长位置参数和可变长关键字参数的顺序进行排列。下面的代码定义了一个函数，其中第1个参数是必需的，后面是可选的，可以是可变长位置参数和可变长关键字参数。在函数内部，分别打印输出这些参数。

■ recipe_072_02.py

```
def func(x, *args, **kwargs):
    print(x)
    print(args)
    print(kwargs)

print("---仅指定第1个参数的结果---")
func(1)

print("---指定可变长参数的结果---")
func(1, 100, 200, 300, a="X", b="Y", c="Z")
```

▼ 执行结果

```
---仅指定第1个参数的结果---
1
()
{}
---指定可变长参数的结果---
1
(100, 200, 300)
{'a': 'X', 'b': 'Y', 'c': 'Z'}
```

073 在函数调用中指定位置参数

语法

语法	意义
函数名(*list类型变量)	使用list类型变量指定位置参数并调用

■ 解包列表

Python 的函数具有一种称为"解包"(unpacking)的功能，可以将指定给位置参数的列表或元组展开，从而一次性传递多个参数。当在位置参数中使用解包功能时，在调用函数时需要在列表或元组前添加一个星号"*"。

在下面的代码中，定义了一个需要3个位置参数的函数，并通过传递一个包含3个元素的列表来调用该函数。列表中的元素会被解包并分别传递给函数的位置参数。

■ recipe_073_01.py

```python
def func(x, y, z):
    print(x, y, z)
    return x + y + z

params = [1, 2, 3]
w = func(*params)
print(w)
```

▼ 执行结果

```
1 2 3
6
```

074 在函数调用中指定关键字参数

语法

语法	意义
函数名(**dict类型变量)	使用dict类型变量指定关键字参数并调用

■ 解包字典

上一节介绍了位置参数的解包，也可以使用字典对关键字参数进行解包。解包关键字参数时需使用双星号"**"。下面的代码演示了通过包含3个键值对的字典，将关键字参数批量传递给函数。

■ recipe_074_01.py

```python
def func(x, y, z):
    print(x, y, z)
    return x + y + z

params = {"x": 1, "y": 2, "z": 3}
w = func(**params)
print(w)
```

▼ 执行结果

```
1 2 3
6
```

■ 与位置参数的解包一起使用

字典解包可以与位置参数解包（单星号"*"）结合使用，此时需要先写位置参数。例如，一个函数有5个参数，前3个参数通过列表解包，后2个参数通过字典解包，实现方式如下所示。

■ recipe_074_02.py

```python
def func(x, y, z, a, b):
    print(x, y, z, a, b)
    return x + y + z + a + b

params1 = [1, 2, 3]
params2 = {"a": 4, "b": 5}
w = func(*params1, **params2)
print(w)
```

▼ 执行结果

```
1 2 3 4 5
15
```

075 使用默认参数

语法	意义
`def` 函数名(参数1=默认值1，参数2=默认值2，…):	指定默认参数

■ 为参数指定默认值

通过使用默认参数，可以在函数调用时省略某些参数，这些参数将自动采用设定的默认值。

下面的代码定义了一个带有两个参数 x 和 y 的函数，其中：

- 参数 x 是必需的。
- 参数 y 是可选的，如果省略，则默认为 1。

■ recipe_075_01.py

```python
def func(x, y=1):
    print(x, y)

func(2, 5)    # 在不省略第2个参数的情况下执行
func(2)       # 在省略第2个参数的情况下执行
```

▼ 执行结果

```
2 5
2 1
```

在上面的示例中，定义的函数调用了2次。第1次调用时不带任何参数，以确保参数y为5；第2次调用时省略了第2个参数，但参数y设置为默认值1。

请注意，默认参数必须位于常规参数的右侧。以下代码将导致SyntaxError。

```python
def func(x=1, y):
    print(x, y)
```

▪ 破坏性更改默认参数

使用默认参数时要特别注意破坏性修改的问题。虽然在函数内部可以修改默认参数，但一旦修改后，后续的函数调用也会受到影响。

下面代码中的函数将参数指定的数字添加到参数指定的列表中并返回。如果没有参数列表，则使用空列表作为默认参数。可以发现，默认参数的值在每次调用时都发生了变化。

```
def sample(num, arg=[]):
    arg.append(num)
    return arg

print(sample(1))  # [1]
print(sample(2))  # [1, 2] !?
print(sample(3))  # [1, 2, 3] !!??
```

为了避免这种问题，建议默认参数使用不可变对象。此外，也可以通过 if 语句在参数为空时设置初始值。下面的代码中，当参数为空时，会赋予一个初始值。

```
def sample(num, arg=None):

    # 没有参数时设置值
    if arg is None:
        arg = []

    arg.append(num)
    return arg
```

076 返回多个值

语法

- 函数方（返回多个值）
  ```
  return 值1, 值2, …
  ```
- 调用方（接收多个值）
  ```
  变量1, 变量2, … = 函数名(参数)
  ```

■ 返回多个值的函数

在Python中，函数可以通过逗号分隔的方式返回多个值。同时，调用方也可以用逗号分隔的多个变量来接收多个返回值。下面的代码展示了一个函数，它返回两个数的和与差。

■ recipe_076_01.py

```python
def func(x, y):
    return x + y, x - y

a, b = func(2, 3)
print(a, b)
```

▼ 执行结果

```
5, -1
```

可以看到变量a和b分别存储求和及差的计算结果。实际上，return语句中列出的值会作为一个元组返回，然后通过解包操作，将这些值分别存储到调用方列出的变量中。这使得函数可以像返回多个值一样被处理。

077 引用函数外部定义的变量

> **语法**
>
> ```
> def 函数名(参数):
>     global 模块变量
>     处理
> ```

■ 从函数内部引用模块变量

引用模块变量

为了方便起见,将直接位于Python脚本最外层的变量(即不属于任何函数或类的变量)称为模块变量。可以从函数内部引用模块变量。下面的代码中,函数func读取了模块变量val的值并打印输出。

■ recipe_077_01.py

```
val = 100
def func():
    print(val)

func()
```

▼ 执行结果

```
100
```

可以确保引用了在函数外部定义的模块变量val。

更新global声明和模块变量

如果需要更新模块变量,必须使用global声明。在要更新的模块变量名称前加上global关键字。下面的代码中使用模块变量count来统计函数func被调用的次数。

077

引用函数外部定义的变量

- recipe_077_02.py

```python
count = 0

def func():
    global count
    count += 1
    print("执行次数: {}次".format(count))

func()
func()
print("count的值: {}".format(count))
```

▼ 执行结果

```
执行次数: 1次
执行次数: 2次
count的值: 2
```

可以看到，函数内部成功更新了外部定义的模块变量count。

078 将函数当作变量

> **语法**
>
> 变量 = 函数名

■ 函数对象

Python 中的函数可以像整数、字符串、列表或字典一样被当作一个变量来处理。当我们将函数赋值给变量时，通常会称其为"函数对象"，这表示我们把函数当作一个对象（类似于变量）来处理。

在下面的代码中，我们将一个返回两个数之和的函数add_num赋值给变量f，然后通过变量f调用该函数。

- recipe_078_01.py

```python
def add_num(x, y):
    return x + y

# 代入变量
f = add_num

# 运行函数
z = f(100, 200)
print(z)
```

▼ 执行结果

```
300
```

079 在函数内部定义函数

> **语法**
>
> ```
> def outer_function():
>
>     处理
>
>     def inner_function():
>         处理
> ```

■ 内部函数

Python可以在函数内部定义函数。在下面的示例代码中，函数inner_function是在函数outer_function中定义和执行的。

■ recipe_079_01.py

```python
def outer_function():
    """ 外部函数 """
    print('outer_function执行')

    def inner_function():
        """ 内部函数 """
        print('inner_function执行')

    inner_function()

outer_function()
```

▼ 执行结果

```
outer_function执行
inner_function执行
```

在这些函数内部定义的函数称为内部函数。

080 使用闭包

语法

语法	意义
`nonlocal` 变量	从内部函数调用外部函数的变量

■ 闭包

闭包是一种特殊的函数对象,它包含一个可以保存执行状态的区域。通常,函数执行完成后,其内部状态会被清除。但是,使用闭包可以在不使用全局变量的情况下,记住并使用上一次执行的内容。在 Python 中,可以通过使用nonlocal变量和内部函数来实现闭包。

返回内部函数的函数

在讨论闭包的实现方法之前,先来看一下如何返回一个内部函数作为返回值。在Python中,函数可以像变量一样被处理,内部函数也不例外,也可以作为返回值返回。下面的代码中,定义了一个返回内部函数的函数outer_function。

■ recipe_080_01.py

```python
def outer_function():
    """ 外部函数 """

    def inner_function():
        """ 内部函数 """
        print('inner_function已执行')

    # 将内部函数作为变量返回
    return inner_function

func = outer_function()
func()
```

▼ 执行结果

```
inner_function已执行
```

080

使用闭包

nonlocal声明和闭包

使用nonlocal声明可以在内部函数中更新外部函数的局部变量。nonlocal变量可以在返回的函数对象被使用期间，保存执行时的值。就像前面提到的，通过使用内部变量和nonlocal变量，可以实现闭包。例如，可以不使用全局变量来统计某个函数被调用的次数。

下面的代码定义了返回内部函数的函数outer_function。执行outer_function函数时获得的函数执行次数存储在nonlocal变量count中，每次执行时count的值都会向上递增。

■ recipe_080_02.py

```python
def outer_function():
    """ 外部函数 """

    count = 0

    def inner_function():
        """ 内部函数 """
        nonlocal count
        count += 1
        print("执行次数: {}次".format(count))

    return inner_function

# 获取函数对象
func1 = outer_function()

# 运行函数
func1()
func1()
func1()
```

▼ 执行结果

```
执行次数: 1次
执行次数: 2次
执行次数: 3次
```

081 使用装饰器

语法

```
@高阶函数
def 函数名(参数):
    处理
```

■ 装饰器

Python有一个独特的功能称为装饰器。使用装饰器可以在不更改现有函数代码的情况下为其添加新的处理功能。由于内容比较难,所以篇幅会比较长,下面从头开始进行说明。

■ 高阶函数

如"078 将函数当作变量"中所述,函数可以作为变量处理,因此可以作为函数的参数或返回值。利用这一点,我们可以创建一个"为函数添加处理的函数"。下面代码中的add_message函数,在传入的函数前后分别添加了"处理开始"和"处理结束"的输出。

■ recipe_081_01.py

```python
def add_message(f):
    """ 在函数前后添加开始和结束消息 """
    def new_func():
        print("开始处理")
        f()
        print("结束处理")

    return new_func


def sample_func():
    """ 仅显示执行消息的函数 """
    print("sample_func执行的处理")
```

081

使用装饰器

```
# sample_func函数的附加处理
decorated_func = add_message(sample_func)

# 执行添加了处理的函数
decorated_func()
```

▼ 执行结果

```
开始处理
sample_func执行的处理
结束处理
```

从执行结果可以确认已获得一个添加了处理的函数。这种在参数或返回值中包含函数对象的函数称为高阶函数。需要特别注意的是，原始函数sample_func的内部完全没有修改。高阶函数可以计算函数的执行时间，并将日志输出添加到原始函数。

■ 从高阶函数到装饰器

如果能理解recipe_081_01.py中的高阶函数，装饰器就很简单了。装饰器总是为一个函数调用指定的高阶函数。试着把recipe_081_01.py的代码改写成使用装饰器。如果要用add_message函数重写sample_func函数，就在定义的上方添加"@处理的高阶函数名"。

```python
def add_message(f):
    """ 在函数前后添加开始和结束消息 """
    def new_func():
        print("开始处理")
        f()
        print("结束处理")

    return new_func
```

```python
# sample_func为添加的处理
@add_message
def sample_func():
    """ 仅显示执行消息的函数 """
    print("执行处理")

# 执行添加了处理的函数
sample_func()
```

sample_func函数始终显示开始和结束消息。

带参数的装饰器

在前面的示例中,只能使用无参数和无返回值的函数,但可以通过设置可能或可变的长度参数和返回值在任何函数中使用装饰器。

下面的代码定义了add_message装饰器,该装饰器也可以用于具有参数和返回值的函数。此外,还使用装饰器来返回名为add_one的函数,该函数执行将参数加1的处理。

- recipe_081_02.py

```python
def add_message(f):
    """ 在函数前后添加开始和结束消息 """
    def new_func(*args, **kwargs):
        print("开始处理")
        result = f(*args, **kwargs)
        print("结束处理")
        return result

    return new_func
```

081

使用装饰器

```python
# add_one为在装饰器中添加的处理
@add_message
def add_one(num):
    print("参数: {}".format(num))
    return num + 1

# add_one执行
result = add_one(1)
print("返回值: {}".format(result))
```

▼ 执行结果

```
开始处理
参数: 1
结束处理
返回值: 2
```

从执行结果可以看到装饰器已经为具有参数和返回值的函数添加了处理。

082 使用lambda表达式

语法

lambda 参数：返回值

■ lambda表达式

lambda表达式是一种简短的方法，用于描述临时使用的无名称函数。下面的代码定义了一个函数，该函数返回一个字符串，该字符串由参数中指定的值标记。

```
def func(x):
    return "★" + str(x) + "★"
```

如果使用lambda表达式重写以上代码，则会出现以下情况。

■ recipe_082_01.py

```
# 用lambda表达式描述返回字符串的函数，该字符串由参数中指定的值标记
func = lambda x: "★" + str(x) + "★"

# 运行函数
print(func("香蕉"))
```

▼ 执行结果

```
★香蕉★
```

■ 与高阶函数一起使用

lambda表达式通常用于高阶函数。例如，map函数是一种高阶函数，它将第1个参数指定为处理第2个参数中的列表元素的函数。如果使用map函数和lambda表达式描述字符串列表元素的装饰过程，代码如下所示。

082

使用lambda表达式

■ recipe_082_02.py

```
fruits_list = ["香蕉", "苹果", "橘子"]
for fruit in map(lambda x: "★" + str(x) + "★", fruits_list):
    print(fruit)
```

▼ 执行结果

```
★香蕉★
★苹果★
★橘子★
```

如果不使用lambda表达式,则代码如下所示。

```
def tmp_func(x):
    return "★" + str(x) + "★"

for fruit in map(tmp_func, fruits_list):
    print(fruit)
```

083 使用生成器

语法

- 生成器

语法	意义
`yield` 值	返回值

- 从生成器中检索值

`next`(生成器对象)

■ 生成器

　　Python具有生成器（称为yield）功能，可以在处理函数的过程中暂停处理并返回值，然后根据需要恢复处理。

　　生成器函数的返回值是一个名为generator类型的变量。在此将其称为生成器对象。生成器对象可以使用next函数检索以下值。

■ recipe_083_01.py

```python
def sample_generator():
    """ 生成器函数 """
    print("开始处理")
    yield '早上好'
    print("恢复处理")
    yield '你好'
    print("恢复处理")
    yield '今天晚上'

gen_obj = sample_generator()  # 生成生成器对象
print(next(gen_obj))
print(next(gen_obj))
print(next(gen_obj))
```

使用生成器

▼ 执行结果

```
开始处理
早上好
恢复处理
你好
恢复处理
今天晚上
```

以上代码可以确保执行暂停,直到调用next函数。此外,生成器对象是一种迭代器,因此可以在for语句中进行迭代。下面使用for语句描述刚才的代码。

```
gen_obj = sample_generator()  # 生成生成器对象
for x in gen_obj:
    print(x)
```

■ 生成器的应用

下面介绍这款与众不同的生成器的优点。例如,对于生成不知道多少项的数列,并且逐个取出这些数列中的项的情况。可能会想出一个大列表来估计实际使用的大小,但如果估计得不好,则可能导致大小不足,或者过多而浪费内存。

在这种情况下,可以使用生成器将数列计算执行到指定位置。以下示例代码是以yield返回斐波那契数列的生成器函数(斐波那契数列是一个数列,如果给出了第1项为 $f_0=0$,第2项为 $f_1=1$,则 $n \geq 2$ 时的一般项为 $f_n = f_{n-1} + f_{n-2}$。

■ recipe_083_02.py

```python
def fibonacci_generator():
    f0, f1 = 0, 1
    while True:
        yield f0
        f0, f1 = f1, f0 + f1

fib_gen = fibonacci_generator()

# 最多10项
for i in range(0, 10):
    num = next(fib_gen)
    print(num)
```

▼ 执行结果

```
0
1
1
2
3
5
8
13
21
34
```

084　使用注释

语法

- 变量注释

  ```
  变量名：类型 = 值
  ```

- 函数注释

  ```
  def 函数名(arg1: 'arg1说明', arg2: 'arg2说明', …)->'返回值说明':
  ```

■ 注释

　　Python中的变量可以在没有类型声明的情况下使用，这会出现读不懂变量是什么类型的问题。如果添加变量注释，则会读懂变量类型及使用说明。也可以像变量一样对函数进行注释，包括参数、返回类型等。但是，注释始终是注释，因此不会进行类型检查。如果要进行类型检查，则使用第三方库，如mypy。此外，请注意，变量注释是Python 3.6中引入的符号，因此不再具有正向兼容性。

变量注释

　　在定义变量时，在变量名称后加上冒号和变量类型。例如，要注释"变量val是int类型，而变量text是str类型"，则输入以下内容。

■ recipe_084_01.py

```
val: int = 100
text: str = "abcdefg"
```

函数注释

　　可以在函数注释中描述函数的说明、参数和返回类型。

- 描述说明

　　注释部分可以用字符串描述说明。例如，如果用注释表示"此函数在第1个参数返回数值，在第2个参数返回单位，在返回值中返回数值单位"，代码如下所示。

```
def func(num: "数值", unit: "单位") -> "返回以参数指定的数值加上单位的
字符串":
    return str(num) + unit

text = func(100, "日元")
print(text)
```

- 描述类型

除了描述说明之外，还可以描述类型。例如，如果要注释"此函数的第1个参数是int类型，第2个参数是str类型，返回值是str类型"，则输入以下内容。

■ recipe_084_02.py

```
def func(num: int, unit: str) -> str:
    return str(num) + unit

text = func(100, "日元")
print(text)
```

▼ 执行结果

```
100日元
```

类和对象

第5章

085 使用自己的对象

语法

- 定义类

```
class 类名:
    def __init__(self, 参数):
        初始化处理

    def 方法名称(self, 参数):
        处理方法
```

- 使用类和对象

语法	意义
类名(参数)	生成对象
对象.实例变量	访问实例变量
对象.方法名称(参数)	调用方法

■ 对象的基础知识

以下说明中使用的是与对象相关的术语。

了解对象

对象是数据和功能的集合，可以将它们分配给变量。在Python中，int、str、dict等类型的变量都是可预知的对象，因此被称为内置对象或内置类型。对象的数据称为实例变量。此外，对象的函数等功能称为方法。例如，dict类型具有检索值的get方法。

```
d = {"key1": 100, "key2": 200}
value = d.get("key1")
```

了解类

基本数据只需内置对象，但在处理复杂数据时，可能希望创建一个将数据和功能组合在一起的唯一对象。在这种情况下，需要定义对象内容，而描述这些定义的就是类。从类创建对象称为对象生成或实例生成。

085

使用自己的对象

■ 自定义类

class语句

在Python中编写类时,使用class语句。class语句缩进类定义的描述。

```
class 类名:
    定义类
```

初始化方法

在编写方法时,使用def语句,就像使用函数一样。通常,类包含一个名为__init__的初始化方法,其中描述了实例变量定义等初始化过程。默认情况下,方法的第1个参数自动设置为其对象,通常描述为self。

- 初始化方法

```
def __init__(self, 参数):
    self.实例变量 = 初始值
```

- 常规方法

```
def 方法名称(self, 参数):
    处理
```

生成对象

如果从类生成对象,则在类名中指定参数。此参数是初始化过程的参数。

```
变量 = 类名(参数)
```

注意:有3种方法——实例方法、类方法和静态方法。本节介绍的是实例方法,但其他方法的第1个参数不是其对象。有关详细信息请参见"088 获取方法类型"。

调用方法

如果要调用方法,则需要将方法名称与存储对象的变量连接起来调用。

```
变量.方法(参数)
```

访问实例变量

如果要访问实例变量,则需要使用点号(.)将实例变量连接到包含对象的变量。

```
变量.实例变量
```

■ 使用专有类的示例

例如,在会员站点中使用User类型的对象来处理用户的数据。用户必须具有以下内容作为数据或实例变量。

▶ 用户名。
▶ 电子邮件地址。

另外,作为功能,也就是作为方法具有以下内容。

▶ 输出用户信息。

下面的代码从User类生成User类型的对象,并使用方法输出用户信息。

■ recipe_085_01.py

```python
# 定义类
class User:
    """ 用户类 """

    def __init__(self, name, mail):
        """ 初始化处理 """
```

085

使用自己的对象

```
        self.name = name
        self.mail = mail
    def print_user_info(self):
        """ 输出用户信息 """
        print("用户名: " + self.name)
        print("电子邮件: " + self.mail)

# 生成User类型对象
user1 = User("Suzuki", "suzuki@example.com")

# 引用实例变量
print(user1.name)

# 调用方法
user1.print_user_info()

# 更新实例变量
user1.name = "Sato"
user1.mail = "sato@example.com"

# 调用方法
user1.print_user_info()
```

▼ 执行结果

```
Suzuki
用户名: Suzuki
电子邮件: suzuki@example.com
用户名: Sato
电子邮件: sato@example.com
```

086 继承类

语法

```
class 类名(源类):
    def __init__(self, 参数)
        super().__init__(参数)
        初始化处理
```

■ 继承类简介

类有一个继承的概念。通过继承可以在定义一个类时继承其他类的数据和功能，然后添加更多数据和功能。被继承的源类称为超类，继承后生成的类称为子类。如果要由Python继承，需要在类名的右侧用圆括号将源类括起来。

初始化

子类__init__可以设置和初始化子类本身的实例变量。此外，如果为子类添加了自己的实例变量，并使用由超类的__init__定义的实例变量，则在处理__init__时，必须调用超类的__init__。

类继承示例

例如，假设继承"085 使用自己的对象"中使用的User类。在一个网站上，用户扮演学生角色，并具有以下数据和功能。

- 学生设有年级。
- 学生有回答问题的功能。
- 学生有回答所在年级的功能。

下面的代码是一个学生班级的示例，该班级继承了用户班级。该方法将在print函数中以虚拟形式输出字符串。

■ recipe_086_01.py

```
class User:
    """ 用户类 """

    def __init__(self, name, mail):
```

086

继承类

```python
        self.name = name
        self.mail = mail

    def print_user_info(self):
        print("用户名: " + self.name)
        print("电子邮件: " + self.mail)

class StudentUser(User):
    def __init__(self, name, mail, grade):
        super().__init__(name, mail)
        self.grade = grade

    def answer_question(self):
        print("回答问题")

    def print_grade(self):
        print(str(self.grade) + "年级")

# 生成StudentUser对象
student = StudentUser("Suzuki", "suzuki@example.com", 3)

# User执行的方法
student.print_user_info()

# StudentUser执行的方法
student.answer_question()
student.print_grade()
```

▼ 执行结果

```
用户名: Suzuki
电子邮件: suzuki@example.com
回答问题
3年级
```

从执行结果可以看到User类方法和新实现的Student类方法可用。

087 使用类变量

> **语法**
>
> ```
> class 类名():
>
>     类变量1 = 值
>     类变量2 = 值
>     ...
> ```

■ 类变量

除了在recipe_085_01.py中要使用自己对象中的实例变量外,还可以定义类变量。类变量是指属于类的变量,无须生成对象即可使用。与实例变量不同,类变量直接在class语句块下定义。

■ recipe_087_01.py

```python
class Sample():
    class_val1 = 1
    class_val2 = 2

    def __init__(self):
        pass

print(Sample.class_val1, Sample.class_val2)
```

▼ 执行结果

```
1 2
```

在上面的示例中,可以引用变量,而不需要为Sample类生成对象。

■ 修改类变量

可以通过赋值来修改类变量。

087

使用类变量

- recipe_087_02.py

```python
# 上一个代码的延续
Sample.class_val2 = 999
print(Sample.class_val1, Sample.class_val2)
```

▼ 执行结果

```
1 999
```

实例生成中的类变量

生成实例后,也可以从实例访问类变量。但是,如果尝试赋值,则会设置新的实例变量,从而使实例无法访问类变量。

- recipe_087_03.py

```python
# 上一个代码的延续
s = Sample()

# 可以引用类变量
print(s.class_val1, s.class_val2)

# 尝试代入
s.class_val1 = 100

# 新设置的实例变量class_val1
print(s.class_val1, Sample.class_val1)
```

▼ 执行结果

```
1 999
100 1
```

088 获取方法类型

语法

方法类型	定义	调用
实例方法	`def` 方法名称(`self`, 参数)	对象方法(参数)
类方法	`@classmethod def` 方法名称(`cls`, 参数)`:`	类方法(参数)
静态方法	`@staticmethod def` 方法名称(参数)`:`	类方法(参数)

■ 方法类型

实例方法

实例方法是可以从生成的对象执行的方法,如"085 使用自己的对象"中所述。可以访问实例变量和类变量。

类方法

类方法是无须生成实例即可访问的方法。允许访问类变量,但无法访问实例变量。如果要定义类方法,则需要附加@classmethod装饰器。它还自动将类对象设置为第1个参数。通常将第1个参数描述为cls。

静态方法

静态方法与类方法一样,是无须生成实例即可访问的方法,但它既不能访问实例变量,又不能访问类变量。如果要定义静态方法,则需要添加@staticmethod装饰器。它实际上与函数类似,在设计上希望函数属于适当的类时使用。

■ 调用各种方法的示例

下面的代码描述了实现上述3种方法的类。

088

获取方法类型

■ recipe_088_01.py

```python
class Sample():
    class_val1 = 1

    def __init__(self, val1):
        self.instance_val1 = val1

    def instance_method(self):
        print(self.class_val1, self.instance_val1)

    @classmethod
    def class_method(cls):
        print(cls.class_val1)

    @staticmethod
    def static_method():
        local_val = 100
        print(local_val)


# 调用实例方法
s = Sample(10)
s.instance_method()
# 调用类方法
Sample.class_method()
# 调用静态方法
Sample.static_method()
```

▼ 执行结果

```
1 10
1
100
```

089 定义私有变量和方法

语法

- 私有实例变量

```
def __init__(self, 参数1, 参数2, , ,)
    self.__变量名 = 初始值
```

- 私有方法

```
def __方法名称(self, 参数1, 参数2, , ,):
    处理
```

隐藏变量和方法

例如，当在团队开发中以面向对象的方式实现时，用户可能希望避免外部接触变量方法。Python通过在变量或方法的头部加上两个下划线来抑制外部访问。以下代码将__instance_val1变量和__private_method方法定义为Sample类的私有成员。

```python
class Sample():
    def __init__(self, val1):
        self.__instance_val1 = val1

    def __private_method(self):
        print(self.__instance_val1)
```

尝试生成这个类并访问变量__instance_val1。

■ recipe_089_01.py

```python
s = Sample(10)
print(s.__instance_val1)
```

▼ 执行结果

```
AttributeError: 'Sample' object has no attribute '__instance_val1'
```

151

089

定义私有变量和方法

同样，生成实例并访问变量会导致AttributeError。调用方法也会导致AttributeError，代码如下所示。

■ recipe_089_02.py

```
s = Sample(10)
s.__private_method()
```

▼ 执行结果

```
AttributeError: 'Sample' object has no attribute '__private_method'
```

Munging机制

> 专栏

其实在Python中并不存在完全隐藏变量和方法的方法。可以通过以下方法访问。

```
s = Sample(10)
print(s._Sample__instance_val1)
```

它是一种支持机制，严格地说，称为Munging，其与其他语言的private变量的机制不同。

090 定义对象的字符串表示

语法

- 定义对象的字符串表示法

▶ 显示字符串

```
def __str__(self):
    return 显示字符串
```

▶ 表示对象信息的字符串

```
def __repr__(self):
    return 对象信息
```

- 获取对象的字符串表示法

函数	返回值
str(变量)	用于显示对象的字符串
repr(变量)	用于显示对象信息的字符串

■ 对象的字符串表示法

如果从自己的类生成对象,则print函数将输出字符串<××××.类名object at...>。表示这些对象信息的字符串称为字符串表示。Python有两种字符串表示形式:str和repr。其中,str被定位为用于显示的简化字符串表示;repr被定位为表示对象信息的正式版本。

■ 实现对象的字符串表示

如果要在自己的类中实现字符串表示,则实现特殊方法__str__、__repr__。尝试在"085 使用自己的对象"中使用的User类中实现字符串表示。

字符串表达式str

使用__str__方法实现。它还使用str函数调用字符串表示。当使用print函数时,可以省略对str函数的调用。

字符串表达式repr

使用__repr__方法实现。它还使用repr函数调用字符串表示。官方文档建议使用"类似有效的Python表达式,可用于重新生成具有相同值的对象"。

090

定义对象的字符串表示

■ recipe_090_01.py

```python
class User:
    def __init__(self, name, mail):
        self.name = name
        self.mail = mail

    def __str__(self):
        return "用户名: " + self.name + ", 电子邮件: " + self.mail

    def __repr__(self):
        return str({'name': self.name, 'mail': self.mail})

user = User("Suzuki", "suzuki@example.com")
print(user)
print(repr(user))
```

▼ 执行结果

```
用户名: Suzuki, 电子邮件: suzuki@example.com
{'name': 'Suzuki', 'mail': 'suzuki@example.com'}
```

如果只实现__repr__方法，则调用str将执行__repr__。

091 检查对象的变量和方法

语法

函数	返回值
dir(变量)	以列表形式返回变量属性
hasattr(变量, "属性字符串")	如果变量具有指定的属性，则返回True

■ 检查对象的属性

由于Python可以动态更改配置，但某些对象除外，因此可能不知道对象包含哪些变量和方法。

dir函数

如果想要查看对象具有哪些属性，则可以使用dir函数从列表中获得属性列表。

■ recipe_091_01.py

```python
class Sample:
    def __init__(self, x, y):
        self.x = x
        self.y = y

s = Sample(1, 2)
print(dir(s))
```

▼ 执行结果

```
['__class__', '__delattr__', '__dict__', '__dir__', '__doc__',
'__eq__', '__format__', '__ge__', '__getattribute__', '__gt__',
'__hash__', '__init__', '__init_subclass__', '__le__', '__lt__',
'__module__', '__ne__', '__new__', '__reduce__', '__reduce_ex__',
'__repr__', '__setattr__', '__sizeof__', '__str__', '__
subclasshook__', '__weakref__', 'x', 'y']
```

第5章 类和对象

155

091

检查对象的变量和方法

hasattr函数

如果只想确定对象是否具有所需的属性，则使用hasattr函数。如果保留属性，则返回True；否则返回False。

- recipe_091_02.py

```
# 上一个代码的延续
print(hasattr(s, 'x'))
print(hasattr(s, 'z'))
```

▼ 执行结果

```
True
False
```

092 检查变量的类型

语法

函数	返回值
type(变量)	返回参数中指定的变量类型
isinstance(变量，类型)	如果变量是指定类型或子类，则返回True

■ 检查变量类型的函数

由于Python没有类型声明，因此在执行函数参数或返回类型之前可能无法确定，但可以使用内置的type函数和isinstance函数确定变量类型。

type函数

type函数返回参数中指定的变量类型。下面的代码使用print函数输出不同类型的变量。

■ recipe_092_01.py

```
x = 100
print(type(x))

l = [1, 2, 3]
print(type(l))

text = "abc"
print(type(text))

class Sample:
    pass


s = Sample()
print(type(s))
```

▼ 执行结果

```
<class 'int'>
<class 'list'>
<class 'str'>
<class '__main__.Sample'>
```

第 5 章 类和对象

157

092

检查变量的类型

isinstance函数

isinstance函数用于判断第1个参数中指定的变量是否属于第2个参数中指定的类型。结果可以是bool类型。

■ recipe_092_02.py

```
x = 100
print(isinstance(x, int))

l = [1, 2, 3]
print(isinstance(l, int))

class Sample:
    pass

s = Sample()
print(isinstance(s, Sample))
```

▼ 执行结果

```
True
False
True
```

■ isinstance函数和type函数的区别

当type用"=="运算符进行比较时，超类和子类是不同的。另外，isinstance函数判定从子类生成的对象是与超类相同的类型。

■ recipe_092_03.py

```
class Sample1():
    """ 超类 """
    pass


class Sample2(Sample1):
    """ Sample1超类 """
    pass
```

```
obj1 = Sample1()  # 生成Sample1类型的对象
obj2 = Sample2()  # 生成Sample2类型的对象

print(" ----- isinstance的比较结果 ----- ")
print(isinstance(obj1, Sample1)) # True
print(isinstance(obj1, Sample2)) # False
print(isinstance(obj2, Sample1)) # True
print(isinstance(obj2, Sample2)) # True

print(" ----- Type的比较结果 ----- ")
print(type(obj1) == Sample1) # True
print(type(obj1) == Sample2) # False
print(type(obj2) == Sample1) # False
print(type(obj2) == Sample2) # True
```

▼ 执行结果

```
 ----- isinstance的比较结果 -----
True
False
True
True

 ----- Type的比较结果 -----
True
False
False
True
```

如果使用isinstance函数，则Sample2类型被视为Sample1类型。

异常

第6章

093 异常情况的处理

> **语法**
>
> ```
> try:
>     可能发生异常的操作
> except 异常类:
>     异常处理
> ```

■ 发生异常

在某些情况下，在进行编程时可能会出现错误，称为异常。例如，如果除数为0，则无法计算除数，从而导致ZeroDivisionError异常，并在接下来的代码中中断处理。

■ recipe_093_01.py

```python
def div_num(a, b):
    """ 输出除法运算结果的函数 """
    val = a/b
    print(val)

div_num(8, 2)
div_num(7, 0)
div_num(5, 2)
```

▼ 执行结果

```
4.0
Traceback (most recent call last):
  File ..., line N, in <module>
  File ...", line N, in div_num
ZeroDivisionError: division by zero
```

在上面的示例代码中，第2个调用将导致ZeroDivisionError异常并中断处理，因此不执行第3个print函数。

093

异常情况的处理

■ 捕获异常

当发生异常时,程序会中断,但当捕获到异常时,可以在发生异常时采取适当的措施,使程序继续运行,或者通知发生异常。使用try...except捕获异常。在try之后的块中包含异常可能发生的位置,except根据可能发生的异常类型指定异常类,以便在之后的块中处理异常。

下面的代码捕获了前面示例代码中出现的异常。

■ recipe_093_02.py

```
def div_num(a, b):
    try:
        val = a/b
        print(val)
    except ZeroDivisionError:
        print("除以0。不执行任何操作。")

div_num(8, 2)
div_num(7, 0)
div_num(5, 2)
```

▼ 执行结果

```
4.0
除以0。不执行任何操作。
2.5
```

可以省略except后面的异常类,在这种情况下,将捕获除特殊异常(如系统退出)以外的大多数异常。

094 异常的类型

> **语法**

- 异常类示例

异常类	意义
`AttributeError`	当指定的属性不存在时发生
`IndexError`	当指定的索引范围不存在时发生
`KeyError`	当指定的键不存在时发生
`TypeError`	当指定的类型不正确时发生
`ValueError`	当指定的值不正确时发生
`ZeroDivisionError`	当除数为0时发生
`BaseException`	所有异常的超类
`Exception`	所有内置异常（系统退出除外）的超类

■ 各种内置异常类

Python内置了许多异常类，涵盖了基本代码中经常发生的异常。

AttributeError

当指定的属性不存在时会发生这种异常。右边的代码指定str类型的属性a，但不存在属性a，从而导致AttributeError。

```
# AttributeError的示例
text = "abcdefg"
x = text.a
```

IndexError

如果在序列（如列表）中指定了不存在的索引，则会发生这种异常。右边的代码尝试从0开始计算列表中的第3个元素，但只到第2个元素，这将导致IndexError。

```
# IndexError的示例
l = [0, 1, 2]
x = l[3]
```

KeyError

如果在映射类型（如字典）中指定的键不存在，则会发生这种异常。下面的代码在字典中指定键key3来检索值，但由于键key3不存在，因此导致KeyError。

163

094

异常的类型

```
# KeyError的示例
d = {"key1": 100, "key1": 200}
x = d["key3"]
```

TypeError

如果指定了不受支持的类型，如为以数字类型为参数的函数指定字符串，则会导致TypeError。在右边的代码中，由于len函数返回参数中指定的序列的元素数，而len函数的参数类型为int，因此会发生TypeError。

```
# TypeError的示例
x = len(3)
```

ValueError

如果参数类型正确，但值不正确，则会发生这种异常。右侧的代码为int函数指定了字符串，但由于指定的字符串不能转换为数字，因此会出现ValueError。

```
# ValueError的示例
x = int("one")
```

ZeroDivisionError

如果试图除以0，则会发生这种异常。

```
# ZeroDivisionError的示例
x = 3 / 0
```

■ 异常之间的关系

异常类通过继承BaseException异常为顶点而形成父子关系。通常的异常都是从BaseException的子类Exception派生出来的，上面列举的异常都是Exception的子类，继承关系如右图所示。

```
BaseException
└── Exception
     ├── ArithmeticError
     ├── ZeroDivisionError
     ├── AttributeError
     ├── TypeError
     └── ValueError
```

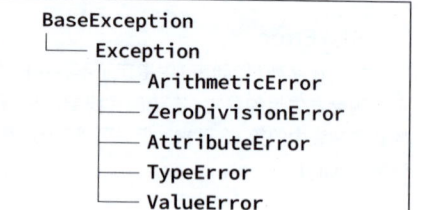

BaseException可以捕获所有异常，但通常使用Exception或其派生的异常，因为它会捕获特殊异常，如系统退出和中断键。

095 处理多个异常

语法

```
try:
    处理
except 异常类1:
    异常处理
except 异常类2:
    异常处理
```

■ 捕获多个异常

except可以有多个。以下除法函数示例在参数无法计算（如字符串）和第2个参数为0时捕获异常。

■ recipe_095_01.py

```
def div_num(a, b):
    try:
        val = a/b
        print(val)
    except TypeError:
        print("指定了无法计算的参数。不执行任何操作。")
    except ZeroDivisionError:
        print("除以0。不执行任何操作。")
    except Exception:
        print("发生未知异常。")

div_num("abcdefg", 2)
div_num(7, 0)
```

▼ 执行结果

```
指定了无法计算的参数。不执行任何操作。
除以0。不执行任何操作。
```

095

处理多个异常

　　注意,异常类具有继承关系,如果先描述超类的异常,则子类的异常也会被捕获。因此,如果存在继承关系,则从子类异常开始。在上面的示例中,异常的超类Exception位于最后,但在TypeError或ZeroDivisionError之前是不合适的。

096 控制异常捕获点的结束处理

语法

```
try:
    处理
except 异常类:
    异常处理
else:
    正常结束时的处理
finally:
    每次退出时执行的处理
```

■ else和finally

Python异常处理可以描述else语句仅在成功时执行的处理。可以编写要执行的处理,无论finally处理是否成功完成。

■ recipe_096_01.py

```python
def div_num(a, b):
    try:
        val = a/b
        print("除法结果:{}".format(val))
    except:
        print("发生异常。")
    else:
        print("处理已成功完成。")
    finally:
        print("处理已完成。")


print('----- 正常处理时 -----')
div_num(4, 2)
print('----- 发生异常时 -----')
div_num(10, 0)
```

096

控制异常捕获点的结束处理

▼ 执行结果

```
----- 正常处理时 -----
除法结果：2.0
处理已成功完成。
处理已完成。
----- 发生异常时 -----
发生异常。
处理已完成。
```

097 将捕获到的异常作为变量处理

语法

语法	意义
`except 异常类 as 变量:`	将捕获到的异常存储在变量中

■ 使用as存储异常对象

如果在异常捕获位置使用as，则可以将异常对象存储在指定的变量中。常使用变量名称e。下面的代码输出出现的异常对象。

■ recipe_097_01.py

```python
def div_num(a, b):
    try:
        val = a/b
        print(val)
    except Exception as e:
        print(e)

div_num("abcdefg", 2)
div_num(7, 0)
```

▼ 执行结果

```
unsupported operand type(s) for /: 'str' and 'int'
division by zero
```

098 允许发生异常的情况

语法

语法	意义
raise 异常类或异常对象	出现指定类型的异常

■ 发生异常

raise语句可以导致异常。可以在raise中指定的异常包括继承Exception的异常类和异常对象。异常对象是异常类的实例化。任何异常都可以在第1个参数中指定信息。

■ 异常对象

下面的代码假定参数为数值类型,如果指定了非数值类型的参数,则会导致以下示例异常。

■ recipe_098_01.py

```python
import numbers
def calc10times(num):
    if not isinstance(num, numbers.Number):
        raise TypeError('参数无效')

    return num * 10

val = calc10times(10)
print(val)
val = calc10times('abc')
print(val)
```

▼ 执行结果

```
100
TypeError: 参数无效
```

将整数乘以10的函数执行了两次。第2次出现异常,因为它不是数值。

099 重新提交异常

语法

```
try:
    处理
except 异常类 as e:
    异常处理
    raise e
```

■ 重新提交异常简介

如果在发生异常时进行了一些处理，然后希望停止处理或调用方再次处理异常，则可以重新提交异常。可以使用raise重新调用except到as捕获的异常对象。在下面的代码中，捕获函数内部发生的异常，并发出消息让调用方处理这些异常。

■ recipe_099_01.py

```
def div_num(a, b):
    try:
        val = a/b
        print(val)
    except Exception as e:
        print("发生异常。请由调用者处理。")
        raise e

div_num(7, 0)
```

▼ 执行结果

```
发生异常。请由调用者处理。
ZeroDivisionError: division by zero
```

捕获异常后，可以确认它已重新提交。

100 获取异常的详细信息

语法

- 导入traceback模块

```
import traceback
```

函数	返回值
traceback.format_exc()	发生的异常的详细信息字符串

■ TraceBack

虽然try语句执行了异常处理，但用户可能希望将异常信息输出到日志中，以了解发生异常的原因。为了解决这个问题，可以在标准库的traceback模块中获取这些信息。下面的代码输出捕获异常的详细信息。

■ recipe_100_01.py

```python
import traceback

try:
    x = 1/0
except Exception as e:
    # 用于获取字符串的format_exc函数
    print("错误信息\n" + traceback.format_exc())
```

▼ 执行结果

```
错误信息
Traceback (most recent call last):
  File "xxxx.py", line N, in <module>
    x = 1/0
ZeroDivisionError: division by zero
```

列出出现的异常类型和异常位置。

101 使用断言

语法

语法	意义
`assert` 条件表达式，信息	如果条件表达式为假，则输出信息并发生AssertionError

■ 断言

如果运行时不满足预期条件，则引发异常并中断处理的功能称为断言，可帮助用户发现问题。如果要在Python中使用断言，则使用assert语句。

下面的代码定义了求两个数字的绝对值之和的函数。函数内部实现了用于验证结果有效性的断言。

■ recipe_101_01.py

```python
def sum_abs(x, y):
    """ 求两个数字的绝对值之和（有错误） """
    val = abs(x) + y
    assert val >= 0, "计算结果为负数"
    return val

val1 = sum_abs(-200, 100)
print(val1)
val2 = sum_abs(100, -200)
print(val2)
```

▼ 执行结果

```
300
AssertionError: 计算结果为负数
```

从执行结果可以看出，已经实现了计算两个数字的绝对值之和的过程，但没有为第2个参数提供绝对值。因为先前在断言中检查了预期值，所以通过AssertionError发现了错误。

运行控制

第7章

102 在运行时提供参数

> **语法**
>
> ```
> import sys
> sys.argv
> ```

■ 执行参数

如果要使用在运行Python脚本时指定的命令行参数,则使用sys模块中的argv。argv是一个列表类型,它将在运行时指定的命令行参数存储为字符串。但是,列表中的第0个元素包含脚本名称。下面的代码显示从0开始的第2行参数。

■ args_sample.py

```
from sys import argv
print(argv[0])
print(argv[1])
print(argv[2])
```

▼ 执行结果

```
> python args_sample.py val1 val2
'args_sample.py'
'val1'
'val2'
```

■ 检查命令行参数的数量

在上述程序中,缺少参数将导致list index out of range错误。为了防止这些错误,通常在处理前检查参数。可以使用len函数检查参数的数量。下面的代码加上刚才的代码处理,如果参数个数为2个以下,则停止处理。

102

在运行时提供参数

- args_sample2.py

```
from sys import argv
if 3 <= len(argv):
    print(argv[0])
    print(argv[1])
    print(argv[2])
else:
    print("必须提供3个参数。")
```

如果只提供1个参数并将上面的代码作为脚本运行,则会得到以下结果。

▼ 执行结果

```
> python args_sample2.py val1
必须提供3个参数。
```

103 设置退出状态

> **语法**
> ```
> import sys
> sys.exit(退出状态)
> ```

■ 使用exit函数设置退出状态

sys模块中的exit函数可以退出并设置退出状态。

■ exit_sample.py

```python
import sys

print("开始处理")
print("结束处理")
sys.exit(1)
```

以下是在UNIX操作系统的命令行中运行的结果。执行后，在结束状态设定1中所述修改相应参数的值。

▼ 执行结果

```
$ python exit_sample.py
开始处理
结束处理
$ echo $?
1
```

对于Windows系统，使用以下命令检查退出状态。

■ 在命令提示符中运行

```
> echo %ERRORLEVEL%
```

■ 在PowerShell中运行

```
> echo $LastExitCode
```

104 从键盘获取输入值

> **语法**
>
> 变量 = input()

■ 检索键盘输入

使用内置函数input可以检索来自键盘的输入值并将其作为字符串。下面的代码将键盘的输入值存储在变量c中并输出。

- recipe_104_01.py

```python
c = input()
print(c + "已输入")
```

结合while语句,可以实现交互式等待输入。以下代码等待输入,直到输入字符串end,输入后将使用print函数输出输入值。

- recipe_104_02.py

```python
enterd = True  # 是否继续循环标志

while enterd:
    print('请输入值')
    c = input()

    if c == 'end':
        enterd = False
    else:
        print(c + '已输入')
```

105 休眠处理

语法

```
import time
time.sleep(秒数)
```

■ 休眠处理简介

停止一段时间的过程称为休眠。可以使用time模块中的sleep休眠参数中指定的秒数。另外，通过指定小数点也可以休眠一定毫秒。下面的代码用于休眠3秒和0.5秒。

■ recipe_105_01.py

```
import time

print("开始处理")
time.sleep(3)
print("处理中……")
time.sleep(0.5)
print("结束处理")
```

106 获取环境变量

> **语法**
>
> ```
> import os
> 变量 = os.environ[环境变量]
> ```

■ 环境变量

如果想在生产和开发环境中改变数据库的连接位置等，可以使用环境变量的方法。环境变量可以以字典的形式检索到os模块中的os.environ。在字典格式中，可以像dict一样用键指定变量名，也可以使用get方法。在以下代码中，环境变量APP_ENV将环境变量值存储在变量app_env中，并根据该值在if语句中进行分支处理。

■ env_sample.py

```python
import os

app_env = os.environ.get("APP_ENV")
if app_env == 'DEV':
    print("在开发环境中运行")
elif app_env == 'PROD':
    print("在生产环境中运行")
else:
    print("未设置适当的环境变量")
```

在UNIX系统环境中，当通过export设置环境变量时，会得到如右图所示的结果。

▼ 执行结果

```
$ export APP_ENV=PROD
$ python env_sample.py
在生产环境中运行
$ export APP_ENV=DEV
$ python env_sample.py
在开发环境中运行
$ export APP_ENV=
$ python env_sample.py
未设置适当的环境变量
```

在Windows系统中，设定并运行如下代码，可以得到类似的输出。

- **在命令提示符中运行**

```
> set APP_ENV=DEV
```

- **在PowerShell中运行**

```
> $env:APP_ENV="DEV"
```

开 发

第 8 章

107 自定义模块

■ 创建自己的模块

只需将Python脚本置于执行目录下，即可将另一个脚本作为模块读取该脚本。下面实际创建一个模块。首先，创建一个名为mod1.py的Python自建模式脚本。mod1.py仅实现一个进行输出的函数和一个变量。

■ mod1.py

```
text = "mod1.py变量"

def sample_func():
    print('已调用sample_func函数')
```

然后，在同一目录下创建一个名为main.py的执行脚本，试着调用刚才制作的mod1模块。虽说如此，但也只是在import语句中指定。

■ main.py

```
import mod1

# 调用mod1的sample_func函数
mod1.sample_func()

# 访问mod1的变量text
print(mod1.text)
```

文件放置关系如下所示。

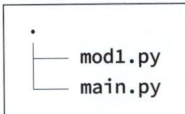

```
.
├── mod1.py
└── main.py
```

107

自定义模块

▼ 执行结果

```
已调用sample_func函数
mod1.py变量
```

因此,可以将Python脚本导入为模块,以便在另一个Python脚本中调用该脚本。

108 打包模块

> **语法**
>
> __init__.py的部署

■ 打包

当使用一些Python脚本作为模块时,如果将名为__init__.py的文件放在一个包含它们的目录下,则可以将其作为包导入(严格来说,从Python 3.3开始,即使没有__init__.py,import本身也可以做到,但由于某些库中的包搜索操作无法正常工作等问题,建议将__init__.py放在其中)。

实际上,可以创建mypkg软件包,然后从main.py脚本中调用它。可以在mypkg目录下创建mod1.py、mod2.py模块,并创建空文件__init__.py,以将mypkg视为软件包。

■ mod1.py

```
def func1():
    print('已调用func1')
```

■ mod2.py

```
class MyClass():
    def method2(self):
        print('已调用method2')
```

创建main.py脚本,然后尝试调用创建的软件包。

■ main.py

```
# main.py
from mypkg import mod1, mod2

mod1.func1()
mod2.MyClass().method2()
```

108

打包模块

文件放置关系如下所示。

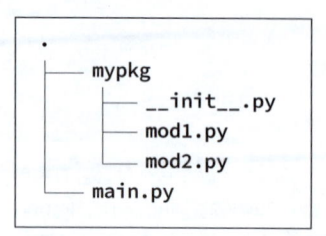

```
.
└── mypkg
    ├── __init__.py
    ├── mod1.py
    └── mod2.py
└── main.py
```

▼ 执行结果

```
已调用func1
已调用method2
```

自定义__init__.py

前文所述是空文件__init__.py，现在可以用点号连接从软件包名称中调用，代码如下所示。

- __init__.py

```
from mypkg import mod1
from mypkg import mod2
```

调用方代码如下所示。

- main.py

```
import mypkg

mypkg.mod1.func1()
mypkg.mod2.MyClass().method2()
```

109 在作为脚本直接运行时执行处理

> **语法**
>
> | 语法 | 意义 |
> |---|---|
> | if __name__ == '__main__': | if语句以下仅作为脚本直接运行时执行处理 |

■ 特殊变量__name__

Python有一个称为特殊变量的变量,其形式为"__名称__"。特殊变量__name__包含每个Python文件的名称,但只有直接使用python命令执行的模块才包含名称__main__。

■ 仅当直接作为脚本运行时执行

Python脚本将直接执行下面的处理(不属于函数或类的处理)。例如,下面的脚本直接包含对main函数的调用,当在另一个脚本中导入该脚本时,main函数将被执行。

■ mod1.py

```
def main():
    print("执行mod1处理")


main()      # 导入后执行这些处理
```

实际上,只需从另一个脚本导入main函数,就会执行main函数的处理,代码如下所示。

■ sample.py

```
import mod1

print("执行sample处理")
```

109

在作为脚本直接运行时执行处理

▼ 执行结果
- sample.py

```
执行mod1处理
执行sample处理
```

用户可能希望使用"直接作为脚本执行时执行，导入时不执行"的控件，所以可以使用前文介绍的特殊变量__name__来实现此控件。if语句下面的块描述了仅当直接作为脚本执行时才需要执行的处理。

■ mod1.py

```python
def main():
    print("执行mod1处理")

if __name__ == '__main__':
    main()
```

直接运行修改后的mod1.py将执行main函数。另外，如果再次运行sample.py，main函数将不再运行。

▼ 执行结果
- mod1.py

```
执行mod1处理
```

▼ 执行结果
- sample.py

```
执行sample处理
```

110 输出日志

语法

- 设置日志

```
logging.basicConfig(format="格式字符串", level=日志级别)
```

- 获取日志器

```
logging.getLogger("logger名")
```

- 日志级别和日志程序输出方法

级别	日志名称	方法	用途
低	logging.DEBUG	debug()	调试，通常出现在诊断问题上
↕	logging.INFO	info()	信息输出
	logging.WARNING	warning()	警告输出
高	logging.ERROR	error()	错误和异常信息
	logging.CRITICAL	critical()	严重错误

日志输出的基础知识和logging模块

Python在标准库中提供了日志记录模块。为了输出日志，必须设置目标、格式和级别。下面将介绍配置所需的术语。

logger

logger（日志器）是一个输出日志的对象，可以在生成日志时设置日志名称。通常设置日志模块名称，在这种情况下使用特殊变量__name__。

```
# 日志程序生成示例
import logging
logger = logging.getLogger(__name__)
```

日志格式

日志中要规定以什么样的格式输出什么内容。这种输出格式称为日志格式。有关详细信息，请参见"111 设置日志格式"。

日志级别

日志有一个"级别"的概念，表示日志内容的严重程度。例如，日志是可忽略的信息还是错误的信息。可以为每个日志程序和日志处理程序设置日志级别。默认情况下，将输出警告级别或更高级别的日志。

189

110

输出日志

> **处理器**
> 日志的目标可以是标准输出或文件等。默认情况下,输出为标准输出。有关详细信息,请参见"112 将日志输出为文件"。

■ 设置logger

logger的设置方式非常复杂,多种多样。最简单的设置之一是logging.basicConfig。可以在参数中设置格式字符串和级别等。这些设置将反映在自设置后生成的所有logger中。

■ 日志输出示例

下面使用以下格式将日志标准输出到INFO或更高级别的日志中。

```
时间 - 日志程序名称 - 日志级别 - 日志消息
```

■ recipe_110_01.py

```python
import logging
logging.basicConfig(format='%(asctime)s - %(name)s - %(levelname)s - %(message)s', level=logging.INFO)
logger = logging.getLogger(__name__)
logger.debug("调试输出")
logger.info("信息输出")
logger.warning("发生警告!")
logger.error("出错!!")
```

▼ 执行结果

```
2020-05-10 19:06:03,298 - __main__ - INFO - 信息输出
2020-05-10 19:06:03,298 - __main__ - WARNING - 发生警告!
2020-05-10 19:06:03,298 - __main__ - ERROR - 出错!!
```

由于输出级别设置为INFO或更高,因此不会输出DEBUG日志。

111 设置日志格式

语法

```
logging.basicConfig(format="格式字符串")
```

■ 日志格式

可以通过在logging.basicConfig的format参数中指定格式字符串来设置日志格式。可以在日志格式中设置不同的变量，如下表所列。但是，根据日志格式执行环境的不同，可能无法获取值。

变量	意义
%(name)s	logger名称
%(levelno)s	日志级别编号
%(levelname)s	日志级别名称
%(pathname)s	源文件的完整路径（如果可用）
%(filename)s	源文件名
%(module)s	模块名称
%(lineno)d	行号（如果可用）
%(funcName)s	函数、方法名称
%(asctime)s	创建日志记录的时间文本格式
%(thread)d	线程ID（如果可用）
%(threadName)s	线程名称（如果可用）
%(process)d	进程ID（如果可用）
%(message)s	信息

对于服务器应用程序这样的多进程、多线程，最好也输出进程ID、线程ID。例如，在"110 输出日志"中使用的格式上加上进程ID、线程ID，则格式如下。

111

设置日志格式

- recipe_111_01.py

```python
import logging
format_str = '%(asctime)s - %(process)d - %(thread)d - %(name)s - %(levelname)s - %(message)s'
logging.basicConfig(format=format_str, level=logging.INFO)

logger = logging.getLogger(__name__)
logger.debug("调试输出")
logger.info("信息输出")
logger.warning("发生警告!")
logger.error("出错!!")
```

▼ 执行结果

```
2020-07-26 15:49:00,123 - 15185 - 139855521677440 - __main__ - INFO - 信息输出
2020-07-26 15:49:00,123 - 15185 - 139855521677440 - __main__ - WARNING - 发生警告!
2020-07-26 15:49:00,124 - 15185 - 139855521677440 - __main__ - ERROR - 出错!!
```

从执行结果可以看到输出了进程ID和线程ID。

112 将日志输出为文件

> **语法**

- 日志处理程序设置

  `logging.basicConfig(handlers=[处理器1，处理器2，…])`

- 典型日志处理程序

处理器	生成处理程序	输出目标
`StreamHandler`	`logging.StreamHandler()`	标准输出
`FileHandler`	`logging.FileHandler("目标路径")`	文件输出

■ 日志处理程序

除了标准输出外，还可以将日志输出为文件。在设置输出目标时，指定内置的处理程序。例如，如果需要标准输出和文件输出，则要生成并指定两个处理程序。

■ 日志输出示例

下面的代码将日志输出到当前目录下的tmp.log文件中。

■ recipe_112_01.py

```
import logging

# 生成处理程序
std_handler = logging.StreamHandler()
file_handler = logging.FileHandler("tmp.log")

# 设置格式、日志级别和处理程序
logging.basicConfig(format='%(asctime)s - %(name)s - %(levelname)s - %(message)s',
                    level=logging.DEBUG,
                    handlers=[std_handler, file_handler])

logger = logging.getLogger(__name__)
```

112

将日志输出为文件

```
logger.debug("调试输出")
logger.info("信息输出")
logger.warning("发生警告!")
logger.error("出错!!")
```

▼ 执行结果

```
2020-05-10 19:06:03,298 - __main__ - DEBUG - 调试输出
2020-05-10 19:06:03,298 - __main__ - INFO - 信息输出
2020-05-10 19:06:03,298 - __main__ - WARNING - 发生警告!
2020-05-10 19:06:03,298 - __main__ - ERROR - 出错!!
```

运行时将创建一个日志文件tmp.log，其内容与标准输出相同。

113 运行单元测试

语法

- 测试类

```
import unittest

class Test类(unittest.TestCase):
    def test_方法(self):
        self.assertEqual(期待值, 检查值)
```

- 单元测试运行命令

```
python -m unittest test_测试模块.py
```

▬ 单元测试和unittest模块

　　unittest模块是作为Python的标准库提供的单元测试模块。创建继承unittest.TestCase类的单元测试类，并根据需要实现单元测试方法。

▬ 测试方法

　　通过继承unittest.TestCase类，可以在测试模块中调用测试方法。它通常是一种格式为assert×××的方法。TestCase类提供的典型测试方法如下一页的表格所列。

　　与测试内容不匹配的将导致AssertionError。

▬ unittest实现示例

　　假定有一个sample.py脚本作为要测试的模块。其中包含一个用于执行加法运算的函数和一个用于判断数字是否为正的函数。

■ sample.py

```
# sample.py测试模块

def add_num(num1, num2):
```

113

运行单元测试

```
    return num1 + num2


def is_positive(num):
    return num > 0
```

为这些函数创建测试模块,如下页所示。文件名为test_测试模块.py。此外,测试类使用测试类的名称Test,并继承unittest.TestCase,如上所述。此外,每个测试用例的测试方法使用测试函数和前缀为test的方法名称。

- 典型测试方法

方　　法	测试内容
assertEqual(a, b)	a == b
assertNotEqual(a, b)	a != b
assertTrue(x)	bool(x) is True
assertFalse(x)	bool(x) is False
assertIs(a, b)	a is b
assertIsNot(a, b)	a is not b
assertIsNone(x)	x is None
assertIsNotNone(x)	x is not None
assertIn(a, b)	a in b
assertNotIn(a, b)	a not in b
assertIsInstance(a, b)	isinstance(a, b)
assertNotIsInstance(a, b)	not isinstance(a, b)

■ test_sample.py

```python
# test_sample.py测试代码
import unittest
import sample

class TestNumberFuncs(unittest.TestCase):

    def test_add_num(self):
        """
        add_num单元测试
        """
        self.assertEqual(7, sample.add_num(3, 4))

    def test_is_positive(self):
        """
        is_num单元测试
        """
        self.assertTrue(sample.is_positive(3))
        self.assertFalse(sample.is_positive(0))
        self.assertFalse(sample.is_positive(-1))
```

运行时使用Python命令指定unittest模块，并使用-m选项指定测试模块或测试包作为参数。

▼ 执行结果

```
python -m unittest test_sample.py
..
----------------------------------------------------------------------
Ran 2 tests in 0.000s

OK
```

已运行测试并输出结果。以上代码中使用assertEqual测试检查值是否等于期望值。

114 在单元测试中进行预处理

> **语法**
>
> ```
> class Test类(unittest.TestCase):
>
>     @classmethod
>     def setUpClass(cls):
>         整体预处理
>
>     @classmethod
>     def tearDownClass(cls):
>         整体后处理
>
>     def setUp(self):
>         单独测试预处理
>
>     def tearDown(self):
>         个别测试后处理
> ```

■ setUp和tearDown

当测试具有一定规模的程序时,用户可能希望在运行测试之前或之后添加处理。例如,连接到数据库并输入测试数据,或者在测试结束时删除或回滚测试数据。unittest为这些预处理和后处理提供了以下方法。

方　　法	用　　途	方法类型
setUpClass()	整个测试类的预处理	类方法
tearDownClass()	整个测试类的后处理	类方法
setUp()	单个测试方法的预处理	实例方法
tearDown()	单个测试方法的后处理	实例方法

下面的测试代码在测试前后都会进行预处理(具体处理只是作为虚拟进行print输出)。

```python
import unittest


class TestSample(unittest.TestCase):

    @classmethod
    def setUpClass(cls):
        print('整体预处理')

    @classmethod
    def tearDownClass(cls):
        print('整体后处理')

    def setUp(self):
        print('测试预处理')

    def tearDown(self):
        print('测试后处理')

    def test_sample1(self):
        print("单元测试1运行")

    def test_sample2(self):
        print("单元测试2运行")
```

▼ 执行结果

```
整体预处理
测试预处理
单元测试1运行
测试后处理
.测试预处理
单元测试2运行
测试后处理
.整体后处理
```

115 使用单元测试包

语法

- 使用"发现"机制运行测试命令

```
python -m unittest
```

单元测试包

除了Python以外,作为项目配置,应用程序源代码和测试源代码通常将目录划分为按原始包划分的包。考虑以下配置中的项目。

```
.                           项目目录(在此处运行)
├── sample_lib              应用程序包
│   ├── __init__.py
│   ├── mod1.py
│   └── mod2.py
└── test                    测试包
    ├── __init__.py
    ├── test_mod1.py
    └── test_mod2.py
```

可以使用测试模块的文件名运行测试。

```
python -m unittest test\test_mod1.py
```

此外,Python的unittest还提供了一个名为"发现"的机制,如果省略了测试模块的文件名,它会扫描项目,找到一个名为test_*.py的文件,然后自动运行它。以下命令将执行测试包下的所有测试。

```
python -m unittest
```

116 使用ini格式的配置文件

> **语法**
>
> ```
> import configparser
> config = configparser.ConfigParser()
> config.read('ini文件路径')
> 变量 = config[区域][键/值对]
> ```

● 使用ini文件

通过标准库中的configparser模块，可以使用ini格式的配置文件。ini格式由右方括号中的"区域"和后面的键/值对组成。也可以使用分号添加注释。但是，它不支持Windows注册表中使用的扩展ini格式。

- ini文件示例

```
; ini文件示例
[DB]
host = localhost
port = 3306
user = myuser
pass = mypassword
; 此处为评论

[FILE]
; 这里也有评论
output = /opt/output.txt
```

● 获取值

可用于获取值的方法如下表所列。

方　　法	返回类型
get	str
getint	int
getfloat	float
getboolean	bool

bool类型可以是yes/no、on/off、true/false或1/0。

116

使用ini格式的配置文件

ini文件的使用示例

下面的代码用于读取当前目录中的config.ini文件,并输出值。

config.ini

```
[SAMPLE1]
; str类型
str_key = text
; int类型
int_key= 100

[SAMPLE2]
; float类型
float_key = 0.1
; bool类型  yes/no on/off
bool_key = yes
```

recipe_116_01.py

```python
import configparser

# config导入文件
config = configparser.ConfigParser()
config.read('config.ini')

# 获取字符串值
config['SAMPLE1']['str_key']

# config获取类型的值
str_value = config.get('SAMPLE1', 'str_key')
int_value = config.getint('SAMPLE1', 'int_key')
float_value = config.getfloat('SAMPLE2', 'float_key')
bool_value = config.getboolean('SAMPLE2', 'bool_key')

# 显示值
print(str_value)
print(int_value)
print(float_value)
print(bool_value)
```

▼ 执行结果

```
text
100
0.1
True
```

117 编码约定

PEP和PEP 8

Python有一个PEP（Python enhancement proposals，Python增强提案或Python改进建议书）文档，包含Python规范、规范制定过程和指导原则。其中PEP 8包含使用Python编码的规范。

PEP与其他语言的条款相比较为宽松，甚至连标准库都不符合。不需要过于拘泥规范的一致性，在项目中有一致性的一方优先。

Python代码样式

因为PEP 8的内容会占用一定篇幅，所以下面介绍一些比较重要的内容。如前所述，如果用户参与的项目已有约定，则优先考虑项目约定。推荐以下基本风格。

- 编码：UTF-8。
- 缩进：4个空格。
- 每行长度：最多79个字符。
- 空行：块的最外层函数和类应在上面空出两行，并且建议在代码中使用下表所列的命名规范。

对象	命名规范	示例
包	全部为小写字母的短名称，不建议使用下划线	`mypkg`
模块	全部为小写字母的短名称，如果长，可以使用下划线	`mymodule`
类	以大写字母开头，每个单词的首字母为大写形式，其他字母为小写形式	`MyClass`
函数、方法	全部为小写字母，以下划线作为分隔符	`my_sample_function`
变量	全部为小写字母，以下划线作为分隔符	`my_sample_num`
常量	全部为大写字母，以下划线作为分隔符	`MY_CONSTANT_VAL`

118 优化代码

Python可以有多种写法，但是有不推荐的写法和更流畅的写法。作为入门部分的结尾，本节将介绍一些典型的不好的代码示例以及Python代码写法的改进示例。

■ 使用连续比较运算符

Python比较运算符可以连在一起编写。用and连接也可以，但是在像比较3个数的大小关系一样的情况下用并列表示。

■ 不好的代码示例

```python
if x < y and y < z:
    print("在合理范围内")
```

■ 改进示例

```python
if x < y < z:
    print("在合理范围内")
```

■ 在多个值判断中使用in运算符

Python中的in运算符可用于判断多个值。下面的代码表示，如果名称是燃料或火药，则无法运输。

■ 不好的代码示例

```python
if name == "燃料" or name == "火药":
    print("无法运输")
```

■ 改进示例

```python
if name in ("燃料", "火药"):
    print("无法运输")
```

True的判定

Python中的if语句可以在条件表达式中按原样计算bool值。

■ 不好的代码示例

```
flg = True
if flg == True:
    print("标志为ON")
```

■ 改进示例

```
flg = True
if flg:
    print("标志为ON")
```

三元运算符的活用

通常,在编程中重新赋值可能会导致问题。如果可以使用三元运算符,则使用三元运算符,因为可以防止重新赋值。

■ 不好的代码示例

```
flg = True
x = 100
if flg:
    x = 200
```

■ 改进示例

```
x = 200 if flg else 100
```

序列不需要计数器

在某些编程语言中,for语句总是使用计数器和索引循环,而Python可以在没有计数器和索引的情况下循环。

118

优化代码

- 不好的代码示例

```
data = (1, 2, 3, 4, )
for i in range(len(data)):
    print(data[i])
```

- 改进示例

```
data = (1, 2, 3, 4, )
for val in data:
    print(val)
```

如果值相同,则同时赋值

如果要指定相同的初始值,则可以枚举。

- 不好的代码示例

```
text1 = "init value"
text2 = "init value"
text3 = "init value"
```

- 改进示例

```
text1 = text2 = text3 = "init value"
```

注意,此赋值方法具有相同的引用,因此在进行更改操作时要小心。如果要指定同源的初始值,可以枚举。代码将值赋给两个列表,但如果更改其中一个,则更改结果也会反映在另一个列表中。

```
l1 = l2 = [1, 2, 3]
l1.append(4)
print(l2)
```

▼ 执行结果

```
[1, 2, 3, 4]
```

■ 使用包表示法

如果要通过循环列表创建新列表，则可以考虑是否能够使用"不在列表中"包表示法，以减少描述和提高处理速度。下面的代码构建了一个新列表，该列表中的各个值是原列表中各个值的两倍。

■ 不好的代码示例

```
l1 = [7, 11, 2, 5, 10, 3]
l2 = []
for val in l1:
    l2.append(val * 2)
```

■ 改进示例

```
l1 = [7, 11, 2, 5, 10, 3]
l2 = [val * 2 for val in l1]
```

■ 注意全局名称覆盖

Python内置函数和类型可以通过赋值覆盖。下面的代码将总和赋给表示sum函数的标识符。此部分本身是可以正常运行的，但如果随后调用sum作为函数，则会出现错误。

■ 不好的代码示例

```
sum = x + y
```

■ 改进示例

```
sum_val = x + y
```

■ 临时变量不需要替换变量值

在一些编程语言中，在进行变量交换处理时使用临时变量，但Python可以通过拆包进行变量的交换。下面的代码用于交换变量x和y的值。

■ 不好的代码示例

```
x = 100
y = 200
tmp = y
y = x
x = tmp
```

■ 改进示例

```
x = 100
y = 200
x, y = y, x
```

207

文件和目录

第9章

119 打开文件

语法

- 打开文件

函数	返回值
open("文件路径", "模式", encoding="编码")	以指定模式和编码打开文件并返回文件对象

▶ 读写模式

字符串	意义
r	打开以进行导入（默认设置）
w	打开以写入
r+	打开以读写
a	打开以追加
a+	加载+打开以补充

▶ 文本/二进制模式

字符串	意义
b	二进制模式
t	文本模式（默认）

- 使用上下文管理器处理文件

```
with open("文件路径", "模式", encoding="编码") as f:
    文件处理
```

※文件对象存储在变量f中。

文件打开模式

使用open函数可以打开指定的文件，并获得读写文件的对象，称为文件对象。在这种情况下，可以使用读写模式和文本/二进制模式的组合来指定。如果忽略模式，则以文本形式在读取模式下打开。例如，如果要读取二进制文件，则指定br；如果要读写文本，则指定r；如果要附加到文本，则指定a。

209

119

打开文件

open函数通常与with语句一起使用,以将文件对象存储在as后面的变量中。从with开始,在使用文件时缩进。如前所述,可以使用文件对象进行读写操作。下面的代码以读取模式打开当前目录中的文本文件tmp.txt,并输出其内容。变量f包含文件对象。

```
with open("tmp.txt", "r") as f:
    text = f.read()

print(text)
```

指定编码

在打开文本文件时,可以使用encoding参数指定编码。有关可以指定的典型编码,请参见"167 转换bytes类型和字符串"。如果省略编码,则使用处理程序的区域设置编码。要检查处理系统的区域设置编码,则执行以下代码。

```
import locale
encoding = locale.getpreferredencoding(False)
print(encoding)
```

上下文管理器 〔专栏〕

在许多编程语言中,当访问外部资源(如文件)时,必须在使用后关闭资源。即使是Python中的open函数,打开文件后也需要进行close处理,使用上面介绍的with语句可以省略close,防止忘写。这种描述方法称为上下文管理器,除了用于文件,还用于数据库连接等。

如果不使用with语句,那么最后必须调用close,代码如下所示。

```
text = "aaaaa\nbbbb\nccccc"
f = open("sample.txt", "w")
f.write(text)
f.close()
```

120 导入文本文件

> 语法

- 文件对象导入方法

方法	返回值
f.read()	整个文件中的数据
f.readlines()	单行列表
f.readline()	单行数据

※f表示文件对象。

■ 处理导入系统

在读取模式下打开文件时，可以使用文件对象来处理导入系统。当执行本节中的代码时，将tmp.txt文件放置在当前目录中，代码如下所示。

```
aaaa
bbbb
cccc
```

read

使用read方法可以获得整个文件的内容。对于文本文件，可以获得整个文件的字符串。下面的代码读取位于当前目录中的tmp.txt，并将其存储在text变量中。

```python
with open("tmp.txt", "r") as f:
    text = f.read()

print(text)
```

运行时将输出文件的内容。对于每个文件对象，read方法只能调用一次，下次调用将返回空字符串。

120

导入文本文件

readlines

使用readlines方法可以获得一个单行分隔的列表。如果想一次处理一行，可以使用此选项。下面的代码显示文本文件的内容，每行添加一个数字。

- recipe_120_01.py

```python
with open("tmp.txt", "r") as f:
    lines = f.readlines()

for i, line in enumerate(lines):
    print(str(i) + ":" + line, end="")
```

▼ 执行结果

```
0:aaa
1:bbb
2:ccc
```

readline

readline方法一次返回一行内容。到达文件结尾时返回空字符串。下面的代码最多显示文件的第4行，但文件最多只有3行，最后输出空白。

- recipe_120_02.py

```python
with open("tmp.txt", "r") as f:
    print(f.readline(), end="")
    print(f.readline(), end="")
    print(f.readline(), end="")
    print(f.readline(), end="")
```

▼ 执行结果

```
aaa
bbb
ccc
```

121 写入文本文件

> **语法**

- 文件对象写入方法

方法	处理和返回值
f.write(字符串)	写入指定字符串并返回写入的字符数
f.writelines(字符串列表)	一次写入指定的字符串列表,无返回值

※f表示文件对象。

■ 写入系统的处理

如果以写入模式打开文件,则可以使用文件对象进行写入系统的处理,从而达到写入系统的目的。

write

在当前目录中以写入模式打开tmp.txt文件,并写入字符串。

■ recipe_121_01.py

```
text = "aaa\nbbb\nccc"
with open("tmp.txt", "w") as f:
    f.write(text)
```

writelines

可以使用writelines方法将列表中的内容逐个写入打开的文件。请注意,元素之间不会插入分隔符,而是简单地连接在一起。下面的代码以写入模式在当前目录中打开tmp2.txt文件,并逐个写入字符串列表test_list中的内容。

■ recipe_121_02.py

```
test_list = ["aaa", "bbb", "ccc"]
with open("tmp2.txt", "w") as f:
    f.writelines(test_list)
```

213

122 获取路径分隔符

> **语法**
>
> ```
> import os
> os.sep
> ```

▬ 路径分隔符

Python可以在Windows、macOS、Linux等各种系统中运行。但是，由于处理程序中的路径分隔符不同，因此，即使是相同的程序，如果涉及目录或文件操作，则必须小心。os模块中的路径分隔符sep提供了当前运行环境的字符串路径分隔符。

■ recipe_122_01.py

```
import os
print(os.sep)
```

▼ 执行结果
- Windows系统

```
'\\'
```

※"\"标记已被转义。

▼ 执行结果
- UNIX系统

```
'/'
```

123 合并路径

语法

函数	返回值
os.path.join(路径1，路径2,…)	合并路径

■ 连接路径

使用os.path.join可以组合在参数中指定的路径。指定要按顺序绑定到参数的路径字符串。下面的代码将当前目录(.)和两个目录(suzuki和dir)绑定在一起。

■ recipe_123_01.py

```python
import os.path
suzuki_home = os.path.join('.','suzuki', 'dir')
print(suzuki_home)
```

▼ 执行结果

```
.\suzuki\dir
```

※输出结果因处理系统而异。

■ 路径连接注意事项

请注意，在UNIX系统中，如果将"/"指定为连接目标的第1个路径，则会将路径视为根路径并重置层次结构。下面的代码将当前目录(.)和两个目录(suzuki和dir)组合在一起，但由于dir前面有一个斜杠，因此忽略了前两个路径，组合结果为/dir。

■ recipe_123_02.py

```python
import os.path
suzuki_home = os.path.join('.','suzuki', '/dir')
print(suzuki_home)
```

▼ 执行结果

```
/dir
```

124 获取路径末尾

语法

函数	返回值
os.path.split(路径)	不在路径末尾和末尾的字符串元组

■ 使用os.path.split函数获取路径末尾

使用os.path.split函数可获得路径末尾以外和末尾的元组。末尾是指最右侧路径分隔符的右侧。下面的代码获取相应路径的末尾并输出。

■ recipe_124_01.py

```python
import os.path

path1 = r'suzuki\dir'
head1, tail1 = os.path.split(path1)
print(head1, tail1)

path2 = r'suzuki\dir' + '\\'
head2, tail2 = os.path.split(path2)
print(head2, tail2)

path3 = r'suzuki\dir\file.txt'
head3, tail3 = os.path.split(path3)
print(head3, tail3)
```

▼ 执行结果

```
suzuki dir
suzuki\dir
suzuki\dir file.txt
```

125 检索或移动当前目录

语法

函数	处理和返回值
os.getcwd()	以字符串形式返回当前目录
os.chdir(路径)	将当前目录移动到指定路径,无返回值

■ 检索当前目录

可以在os.getcwd中检索当前目录,通常返回运行Python的目录。下面的代码用于显示当前目录。

■ recipe_125_01.py

```
import os
print(os.getcwd())
```

■ 移动当前目录

通过在os.chdir中指定路径,可以移动到指定的路径。下面的代码会将当前目录移动到.\dir。

■ recipe_125_02.py

```
import os
os.chdir(r'.\dir')
print(os.getcwd())
```

126 获取绝对路径和相对路径

语法

函数	返回值
`os.path.abspath(路径)`	绝对路径字符串
`os.path.relpath(路径，源路径)`	相对路径字符串

■ 获取绝对路径

可以获取os.path.abspath中指定的相对路径的绝对路径。如果当前目录下有一个tmp.txt文本文件，则相对路径为.\tmp.txt，但以下示例将获取其绝对路径。

■ recipe_126_01.py

```
import os
print(os.path.abspath(r".\tmp.txt"))
```

■ 获取相对路径

可以获取os.path.relpath中指定的路径之间的相对路径。在以下示例中，.\tmp.txt获取从C:\Windows查看的相对路径。

■ recipe_126_02.py

```
import os
print(os.path.relpath(r".\tmp.txt", r"C:\Windows"))
```

127 检查路径是否存在

语法

函数	返回值
os.path.exists(路径)	如果存在，则为True；否则为False

■ 使用os.path.exists函数验证路径是否存在

os.path.exists函数可以验证指定路径是否存在。以下示例用于验证C:\work\tmp.txt是否存在。

■ recipe_127_01.py

```python
import os.path
if os.path.exists(r"C:\work\tmp.txt"):
    print("文件已存在")
else:
    print("文件不存在")
```

128 获取路径下方的内容列表

> **语法**

函数	返回值
`os.listdir`(路径)	指定路径下的文件、目录的字符串列表

▬ 获取路径下的内容

可以获取os.listdir中指定路径下的字符串列表。以下示例用于输出C:\work下的内容。

■ recipe_128_01.py

```
import os
print(os.listdir(r"C:\work"))
```

129 判断是目录还是文件

语法

函数	返回值
os.path.isdir(路径)	如果指定的路径是目录,则为True;否则为False
os.path.isfile(路径)	如果指定的路径是文件,则为True;否则为False

■ 判断指定路径是目录还是文件

使用os.path.isdir函数和os.path.isfile函数可以判断指定的路径是目录还是文件。如果指定的路径不存在,则这两个路径都为False,而不是出现异常。

以下是存在C:\work\tmp.txt文件时的执行示例。

■ recipe_129_01.py

```python
import os.path
print(os.path.isdir(r"C:\work"))
print(os.path.isdir(r"C:\work\tmp.txt"))
print(os.path.isfile(r"C:\work"))
print(os.path.isfile(r"C:\work\tmp.txt"))
```

▼ 执行结果

```
True
False
False
True
```

130 获取扩展名

> **语法**

函数	返回值
`os.path.splitext(路径)`	到指定路径的扩展名之前和扩展名的元组

■ 使用os.path.splitext函数获取扩展名

使用os.path.splitext函数,可以从指定的路径获得扩展名的前面和扩展名的元组。下面的代码为针对名为C:\work\tmp.txt的文件获取扩展名。

■ recipe_130_01.py

```
import os.path
root, ext = os.path.splitext(r"C:\work\tmp.txt")
print(root, ext)
```

▼ 执行结果

```
C:\work\tmp .txt
```

131 移动文件或目录

语法

- 导入shutil模块

```
import shutil
```

- move函数

函数	处理和返回值
shutil.move(移动前的路径, 移动后的路径)	将文件或目录移动到指定路径, 并以字符串形式返回目标路径

shutil模块

标准库中的shutil模块提供对文件或目录的移动、复制及删除操作。

使用shutil.move函数移动文件或目录

使用shutil.move函数可以移动文件或目录,还可以在移动文件之前和之后重命名文件。以下代码将文本文件C:\work\tmp.txt移动到C:\work2\tmp2.txt(假定目录C:\work2已存在)。

■ recipe_131_01.py

```
import shutil
shutil.move(r"C:\work\tmp.txt", r"C:\work2\tmp2.txt")
```

同样适用于目录。下面的代码将目录C:\work移动到C:\work2下。

■ recipe_131_02.py

```
import shutil
shutil.move(r"C:\work", r"C:\work2\work")
```

132 复制文件或目录

语法

函数	处理和返回值
shutil.copy(复制前的路径，复制后的路径)	复制指定的文件并以字符串形式返回目标路径
shutil.copytree(复制前的路径，复制后的路径)	复制每个目录的指定路径，并以字符串形式返回目标路径

■ 使用shutil.copy函数复制文件或目录

使用shutil.copy函数可以复制文件或目录，还可以在复制之前和之后重命名文件。以下代码将文本文件C:\work\tmp.txt复制到C:\work2\tmp2.txt中。假设目录C:\work2已存在。

■ recipe_132_01.py

```
import shutil
shutil.copy(r"C:\work\tmp.txt", r"C:\work2\tmp2.txt")
```

对于目录，可以使用shutil.copytree函数。以下代码将目录C:\work复制到C:\work3。运行时还会复制其中的文件。但是要假定目录C:\work3不存在，如果目录已存在，将导致FileExistsError。

■ recipe_132_02.py

```
import shutil
shutil.copytree(r"C:\work", r"C:\work3")
```

请注意，不能复制文件的所有元数据，如权限数据，尽管这些数据取决于处理程序。

133 删除文件或目录

> **语法**

函数	处理和返回值
os.remove(要删除的路径)	删除指定路径中的文件，无返回值
shutil.rmtree(要删除的路径)	删除指定路径的下属目录，无返回值

■ 删除文件

使用os.remove函数可以删除参数中指定路径的文件。下面的代码删除了名为C:\work\tmp.txt的文件。如果在参数中指定的文件不存在，则会发生FileNotFoundError。

■ recipe_133_01.py

```python
import os
os.remove(r'C:\work\tmp.txt')
```

■ 删除目录

使用shutil.rmtree函数可以删除文件或目录。下面的代码删除了目录C:\work2，包括其下属目录。与os.remove函数类似，如果在参数中指定的目录不存在，则会发生FileNotFoundError。

■ recipe_133_02.py

```python
import shutil
shutil.rmtree('C:\work2')
```

134 创建新目录

> **语法**

函数	处理和返回值
`os.makedirs(新建目录路径)`	创建指定路径的新目录,无返回值

■ 使用os.makedirs函数创建新目录

可以使用os.makedirs函数中指定的路径创建新目录。如果指定路径中的目录不存在,则会创建该目录。以下代码在C:\work下创建一个新目录tmp1\tmp2\tmp3。如果在参数中指定的目录已存在,则会发生FileExistsError。

■ recipe_134_01.py

```
import os
os.makedirs(r'C:\work\tmp1\tmp2\tmp3')
```

数值处理

第10章

135 使用 n 进制

> **语法**

前缀	意义
0b	二进制
0o	八进制
0x	十六进制

■ n 进制文字的处理

在Python中，可以使用二进制、八进制和十六进制数字作为整数文字的前缀。存储变量后，它将被视为十进制数，因此在使用print函数输出时，它将被视为十进制数。

二进制数

如果使用二进制数，则在数字的开头加上0b。例如，如果处理二进制数1011，则输入以下代码。

■ recipe_135_01.py

```
b = 0b1011
print(b)
```

▼ 执行结果

```
11
```

八进制数

如果使用八进制数，则在数字的开头加上0o（数字0和字母o）。例如，如果处理八进制数667，则输入以下代码。

■ recipe_135_02.py

```
o = 0o667
print(o)
```

▼ 执行结果

```
439
```

十六进制数

如果使用十六进制数,则在数字的开头加上0x。例如,如果处理十六进制数FF1B,则输入以下代码。

■ recipe_135_03.py

```
h = 0xFF1B
print(h)
```

▼ 执行结果

```
65307
```

136 将数值转换为 n 进制

语法

函数	返回值
bin(int类型变量)	二进制字符串
oct(int类型变量)	八进制字符串
hex(int类型变量)	十六进制字符串

转换为 n 进制

n 进制数值在存储变量后以十进制表示，但可以使用内置函数将其转换为二进制、八进制和十六进制字符串。

转换为二进制

使用内置函数bin。

■ recipe_136_01.py

```
b = bin(11)
print(b)
```

▼ 执行结果

```
0b1011
```

转换为八进制

使用内置函数oct。

■ recipe_136_02.py

```
o = oct(439)
print(o)
```

▼ 执行结果

```
0o667
```

转换为十六进制

使用内置函数hex。

■ recipe_136_03.py

```
h = hex(65307)
print(h)
```

▼ 执行结果

```
0xff1b
```

137 转换整数和浮点数

> **语法**

函数	处理和返回值
`float(int类型变量)`	从指定的int类型变量生成并返回float类型变量
`int(float类型变量)`	从指定的float类型变量生成并返回int类型变量

■ float函数

float函数可用于将int类型变量或数字字符串转换为float类型变量。下面的代码将整数10转换为float类型。输出转换后的值为10.0。

■ recipe_137_01.py

```python
x1 = 10
print(x1)

x2 = float(x1)
print(x2)
```

▼ 执行结果

```
10
10.0
```

如果要将float类型转换为int类型，则使用int函数。小数点后的部分被截断。下面的代码将float类型的10.01转换为int类型变量。

■ recipe_137_02.py

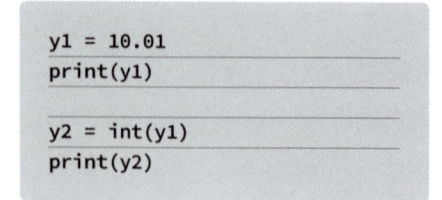

```python
y1 = 10.01
print(y1)

y2 = int(y1)
print(y2)
```

▼ 执行结果

```
10.01
10
```

138 增加浮点数的显示位数

> **语法**
>
> format(float类型变量, '.位数f')

使用format函数指定显示位数

format函数可以指定float类型变量的显示位数。以下代码以指定位数显示float类型变量0.1，小数点后最多可以有25位。

■ recipe_138_01.py

```
x = 0.1
print(x)
print(format(x, '.25f'))
```

▼ 执行结果

```
0.1
0.1000000000000000055511151
```

因为数值在内部是用二进制表示的，所以，如果不能用二进制表示，就会包含误差。例如，0.1等包含误差，但如果用print函数输出，则输出舍入值。用format函数可以指定float类型变量的位数。以上代码通过增加显示位数，可以确认18位以后发生了误差。

139 判断浮点型的值是否足够接近

语法

函数	处理和返回值
math.isclose(float类型变量1，float类型变量2，选项)	如果在参数中指定的两个float类型变量之间的差值符合选项中指定的误差，则为True；否则为False

- 可选（关键字参数）

误差类型	关键字参数	默认值
相对误差	rel_tol	1e-9
绝对误差	abs_tol	0.0

与float类型误差一致

如recipe_139_01.py中所述，对于float类型中不能用二进制表示的数值，由于包含误差，即使是简单的计算，也可能会导致不正确的结果。

■ recipe_139_01.py

```
x = 1.2 - 1.0
b = (x == 0.2)
print(b)
```

▼ 执行结果

```
False
```

math.isclose函数

使用math模块中的isclose函数，可以在float类型的值足够接近的情况下确定匹配。在下面的代码中，使用isclose函数来确定上述float类型的运算结果。

- recipe_139_02.py

```
import math
x = 1.2 - 1.0
b = math.isclose(x, 0.2)
print(b)
```

▼ 执行结果

```
True
```

可以在isclose函数的关键字参数中指定误差范围，还可以使用rel_tol指定相对误差，使用abs_tol指定绝对误差。下面的代码返回False，因为前面的代码将相对误差指定为1e-16。

- recipe_139_03.py

```
import math
x = 1.2 - 1.0
b = math.isclose(x, 0.2, rel_tol=1e-16)
print(b)
```

▼ 执行结果

```
False
```

140 求绝对值、求和、求最大值、求最小值

> **语法**

函数	返回值
abs(数值)	绝对值
sum(数值列表)	和
max(数值列表)	最大值
min(数值列表)	最小值

■ 使用内置函数进行数值计算

Python内置的函数提供了一个预置函数,用于求绝对值、和、最大值与最小值。下面的代码分别对其进行计算并输出。

■ recipe_140_01.py

```python
# 计算绝对值
val = -100
abs_val = abs(val)
print("绝对值", abs_val)

# 计算和、最大值、最小值
val_list = [100, 76, 5, -9, 25, 3.5, -0.99]
sum_val = sum(val_list)
max_val = max(val_list)
min_val = min(val_list)

print("和", sum_val)
print("最大值", max_val)
print("最小值", min_val)
```

▼ 执行结果

```
绝对值 100
和 199.51
最大值 100
最小值 -9
```

141 舍入处理

语法

函数	返回值
round(数值)	舍入为整数的数值
round(数值，位数)	舍入到指定位数的数值

■ Python舍入

Python的舍入过程大致分为两种。第1种是使用本节介绍的内置函数round进行舍入；第2种是使用标准库中的decimal模块进行舍入。本节将介绍使用内置函数round进行舍入。如果要精确计算Decimal类型，请参见"150 Decimal类型的四舍五入"。

■ round函数

round函数使用偶数舍入对数值类型进行舍入。在第1个参数中指定要舍入的数值，在第2个参数中指定要舍入的位数，它可以指定一个负数以在小数点左侧进行四舍五入。此外，如果省略第1个参数，则结果为int类型。

■ recipe_141_01.py

```python
x = 4321.1234
print(round(x))
print(round(x, 1))
print(round(x, 2))
print(round(x, -2))
print(round(x, -3))
```

▼ 执行结果

```
4321
4321.1
4321.12
4300.0
4000.0
```

142 求数值的n次方

> **语法**

- 运算符

运算符	意义
x ** y	x的y次方

- 内置函数

函数	返回值
pow(x, y)	返回x的y次方

─ 数值的n次方

　　Python有多种方法来确定乘数,但可以使用"**"运算符或内置函数pow来确定数值的n次方。以下代码均计算2的3次方。这两种方法的精度相同。

■ recipe_142_01.py

```
p1 = 2 ** 3
print(p1)
p2 = pow(2, 3)
print(p2)
```

▼ 执行结果

```
8
8
```

143 求商、求余数

语法

- 运算符

运算符	意义
x % y	x÷y的余数
x // y	x÷y的商

- 内置函数

函数	返回值
divmod(x, y)	x÷y的商和余数的元组

商和余数

Python可以使用运算符或内置函数divmod来确定商和余数。由于函数divmod的返回值是以商和余数的元组形式返回的,因此返回值变量以两个逗号分隔。下面的示例代码求出100 ÷ 3的商和余数。

■ recipe_143_01.py

```
x = 100  # 被除数
y = 3    # 除数

# 运算符
q1 = x // y
r1 = x % y
print(q1, r1)

# divmod函数
q2, r2 = divmod(x, y)
print(q2, r2)
```

▼ 执行结果

```
33 1
33 1
```

144 数学常量和数学函数

语法

- 导入math模块

```
import math
```

- math模块中的数学常量

数学常量	意义
math.pi	圆周率
math.e	自然对数的底
math.tau	圆周率的2倍
math.inf	正无穷大
math.nan	NaN(not a number)

math模块

Python有一个内置的math模块,可以使用数学常量和数学函数。各种数学函数的使用方法将在下面进行说明。

数学常量

math模块包含本节开头提到的数学常量。下面的代码输出圆周率和自然对数的底。

■ recipe_144_01.py

```
import math
print(math.pi)
print(math.e)
```

▼ 执行结果

```
3.141592653589793
2.718281828459045
```

数学函数

math模块还提供了指数、对数和三角函数等数学函数,无须安装即可轻松使用。接下来将介绍指数函数、对数函数和三角函数的计算。

145 指数函数

> **语法**
>
> | 函数 | 返回值 |
> |---|---|
> | math.exp(x) | e的x次方 |

■ 指数函数

math模块中的exp函数用于确定e的x次方。与使用"**"运算符或pow函数相比,使用此函数可以获得更高的精度。以下代码计算e的3次方。

■ recipe_145_01.py

```python
import math
y = math.exp(3)
print(y)
```

▼ 执行结果

```
20.085536923187668
```

146 对数函数

> **语法**

函数	返回值
`math.log(x, a)`	以a为底的x的对数值

■ 确定对数的值

可以使用math模块中的log函数来确定对数的值。其中，第1个参数指定真数；第2个参数指定底。如果省略底，则使用自然对数。下面的代码计算常用对数x=10000的值。

■ recipe_146_01.py

```
import math
y = math.log(10000, 10)
print(y)
```

▼ 执行结果

```
4.0
```

147 三角函数

语法

函数	返回值
`math.sin(x)`	sin(x)
`math.cos(x)`	cos(x)
`math.tan(x)`	tan(x)
`math.asin(x)`	arcsin(x)（反三角函数）
`math.acos(x)`	arccos(x)（反三角函数）
`math.atan(x)`	arctan(x)（反三角函数）

■ 三角函数和反三角函数

math模块提供各种三角函数和反三角函数。以下代码计算π/2三角函数的值。

■ recipe_147_01.py

```
import math
y1 = math.sin(math.pi / 2)
y2 = math.cos(math.pi / 2)
y3 = math.tan(math.pi / 2)

print(y1)
print(y2)
print(y3)
```

▼ 执行结果

```
1.0
6.123233995736766e-17
1.633123935319537e+16
```

148 生成随机数

语法

- 导入random模块

```
import random
```

- 随机数生成函数

函数	处理和返回值
`random.random()`	生成并返回大于0小于1的float类型随机数
`random.uniform(a, b)`	如果a≤b,则生成a以上、b以下的float类型随机数并返回；如果a>b, 则生成b以上、a以下的float类型随机数并返回
`random.randint(a, b)`	生成并返回a以上、b以下的int类型随机数

通过random模块生成随机数

Python的标准库提供了random模块，用于生成随机数。

生成小数随机数

random函数生成范围为0~1的随机数。此外，uniform函数在参数中指定的范围内生成随机数。

■ recipe_148_01.py

```
import random

r1 = random.random()
r2 = random.uniform(0, 100)
```

生成整数随机数

使用randint函数可以生成整数随机数。下面的代码生成一个范围为0~100的整数随机数，并将其存储在变量r3中。

■ recipe_148_02.py

```
import random

r3 = random.randint(0, 100)
```

生成随机数列表

如果将range与列表内包表示法结合使用，可以生成随机数列表。下面的代码生成一个包含5个元素的随机数列表，并将其存储在变量rlist中。由于不使用循环变量，因此使用下划线。

■ recipe_148_03.py

```
import random

rlist = [random.random() for _ in range(5)]
```

149 Decimal类型

> **语法**

- 导入Decimal

```
from decimal import Decimal
```

- 生成Decimal类型

函数	返回值
`Decimal("数值字符串")`	从指定字符串中的数值生成并返回Decimal类型

■ 二进制和误差

通常，当计算机处理数值时，它在内部以二进制表示。因此，小数计算即使在以下简单计算中也会产生误差。

■ recipe_149_01.py

```
a = 1.2
b = 1.0
x = a - b
print(x)
```

▼ 执行结果

```
0.19999999999999996
```

※误差可能因处理系统而异。

■ Decimal类型简介

如果使用float类型进行精确计算（如科学计算或利率），则在业务上可能会产生不正确的值。在Python中，嵌入式Decimal模块提供了一种内部小数点类型，称为Decimal类型。在生成参数时指定数值字符串。

■ recipe_149_02.py

```python
from decimal import Decimal
a = Decimal("1.2")
b = Decimal("1.0")
x = a - b
print(x)
```

▼ 执行结果

```
0.2
```

生成时的注意事项如前所述，包括"在参数中指定字符串"。以下代码将继承误差，因为它们是基于包含误差的float类型生成的。

■ recipe_149_03.py

```python
# 不好的示例
from decimal import Decimal
a = Decimal(1.2)
b = Decimal(1.0)
x = a - b
print(x)
```

▼ 执行结果

```
0.1999999999999999555910790150
```

150 Decimal类型的四舍五入

语法

- **舍入方法**

方法	处理
`Decimal类型变量.quantize(舍入位数，舍入模式)`	返回Decimal类型中指定的位数和四舍五入模式下的四舍五入结果

使用quantize函数四舍五入

使用Decimal类型的quantize函数可以四舍五入或截断。第1个参数指定舍入位数，是Decimal类型，如0.1或0.01；第2个参数指定舍入模式。

- **舍入模式**

decimal模块为不同的业务提供了以下舍入模式。

舍入模式	意义
`decimal.ROUND_CEILING`	向正无穷大方向舍入
`decimal.ROUND_DOWN`	向0舍入（即截断）
`decimal.ROUND_FLOOR`	向负无穷大方向舍入
`decimal.ROUND_HALF_DOWN`	5向0方向舍入
`decimal.ROUND_HALF_EVEN`	5向偶数整数方向四舍五入
`decimal.ROUND_HALF_UP`	5向远离0的方向舍入（即四舍五入）
`decimal.ROUND_UP`	向远离0的方向舍入（即所谓的舍入）
`decimal.ROUND_05UP`	如果0向四舍五入后的最后一位是0或5，则向远离0的方向四舍五入；否则向0的方向四舍五入

小数点以下四舍五入计算示例

使用ROUND_HALF_UP进行四舍五入。下面的代码从小数点到第3位分别进行了四舍五入计算。

■ recipe_150_01.py

```python
from decimal import Decimal, ROUND_HALF_UP
x = Decimal("1.5454")
x0 = x.quantize(Decimal("0"), rounding=ROUND_HALF_UP)
print(x0)
x1 = x.quantize(Decimal("0.1"), rounding=ROUND_HALF_UP)
print(x1)
x2 = x.quantize(Decimal("0.01"), rounding=ROUND_HALF_UP)
print(x2)
x3 = x.quantize(Decimal("0.001"), rounding=ROUND_HALF_UP)
print(x3)
```

▼ 执行结果

```
2
1.5
1.55
1.545
```

整数部分的四舍五入计算示例

如果要为舍入的数字指定正数，则用指数表示，如Decimal("1E1")。

■ recipe_150_02.py

```python
from decimal import Decimal, ROUND_HALF_UP
x = Decimal("5454.1234")
x0 = x.quantize(Decimal("1E1"), rounding=ROUND_HALF_UP)
print(int(x0))
x1 = x.quantize(Decimal("1E2"), rounding=ROUND_HALF_UP)
print(int(x1))
x2 = x.quantize(Decimal("1E3"), rounding=ROUND_HALF_UP)
print(int(x2))
x3 = x.quantize(Decimal("1E4"), rounding=ROUND_HALF_UP)
print(int(x3))
```

150

Decimal类型的四舍五入

▼ 执行结果

```
5450
5500
5000
10000
```

文本处理

第 11 章

151 连接字符串列表

语法

方法	返回值
"分隔符".join([字符串1，字符串2，…])	用分隔符连接字符串1、字符串2……

■ 连接包含字符串的列表

字符串有一个join方法，它使用特定字符连接字符串列表。下面的代码将字符串连接到一个包含字符串的列表，简单地用空格连接，用逗号分隔。

■ recipe_151_01.py

```python
text_list = ['abc', 'def', 'ghi']
test1 = ''.join(text_list)
print(test1)
test2 = ','.join(text_list)
print(test2)
```

▼ 执行结果

```
abcdefghi
abc,def,ghi
```

如果与map结合使用，还可以与非字符串连接。有关详细信息，请参见"182 将列表转换为CSV字符串"。

152 在字符串中嵌入值

语法

替换字段类型	方法	返回值
{}单体 or {编号}	str类型变量.format(变量1，变量2，…)	返回包含嵌入值的字符串
命名字段	str类型变量.format(字段1=变量1，字段2=变量2，…)	

format方法

有多种方法可以在字符串中嵌入值，但以下两种方法最常用。

- format方法。
- 格式化的字符串文字。

本节介绍如何使用format方法。另请参见"153 格式化字符串文本"。

替换字段

在字符串中嵌入值的位置处的标记称为替换字段。替换字段用大括号表示，包括以下3种符号，format方法参数的格式取决于替换字段的格式。

- {}。
- {字段编号}。
- {字段名称}。

■ 替换字段示例

```
# 单个大括号
"你好，先生。现在是{}点。"
# 字段编号
"你好，{0}先生。现在是{1}点"
# 字段名称
"你好，{name}先生。现在是{time}点"
```

第11章 文本处理

152

在字符串中嵌入值

单个大括号

枚举要嵌入format方法参数中的值。

■ recipe_152_01.py

```
text = "你好, {}先生。现在是{}点"
name = "Suzuki"
time = 10

ftext = text.format(name, time)
print(ftext)
```

▼ 执行结果

```
你好, Suzuki先生。现在是
10点。
```

字段编号

对于字段编号，format方法的参数枚举值的方式与单个大括号相同，但参数的顺序与字段编号相对应。

```
text = "你好, {0}先生。现在是{1}点。"
name = "Suzuki"
time = 10

ftext = text.format(name, time)
print(ftext)
```

字段名称

对于字段名称，需要使用关键字作为format方法的参数。

```
text = "你好, {name}先生。现在是{time}点。"
name = "Suzuki"
time = 10

# 关键字参数
ftext1 = text.format(name=name, time=time)
print(ftext1)
```

或者，如果参数变长，也可以在字典中一起指定，如右侧所示。

```
# 上一个代码的延续
# 指定字典
ftext2 = text.format(**{"name": name,
"time": time})
print(ftext2)
```

254

153 格式化字符串文本

> **语法**
>
> `f"字符串 {变量} 字符串"`

■ 格式化字符串文本简介

从Python 3.6开始，添加了一个名为格式化字符串文本的功能。只需将f或F放在常规字符串文本的前面，然后用大括号将要分配的变量括起来，即可嵌入变量。

■ recipe_153_01.py

```python
name = "Suzuki"
time = 10
text = f"你好，{name}先生。现在是{time}点"
print(text)
```

▼ 执行结果

```
你好，Suzuki先生。现在是10点。
```

但是，如果存在未定义的变量，则会出现NameError，因此无法使用该变量。下面的代码将在第1行中产生NameError，因此可能需要使用前面所述的format方法。

```python
text = f"你好，{name}先生。现在是{time}点。"
name = "Suzuki"
time = 10
```

154 替换字符串

语法

方法	返回值
str类型变量.replace(old, new)	用new字符串替换old字符串
str类型变量.replace(old, new, count)	用new字符串替换old字符串，替换次数由count决定

■ 使用replace方法替换字符串

字符串有一个替换方法，称为replace方法。下面的代码使用下划线替换文本字符串text1中的空格。请注意，返回值将生成替换字符串，而不会更新原始字符串本身。

■ recipe_154_01.py

```python
text1 = "Simple is better than complex."
text2 = text1.replace(' ', '_')
print(text1)
print(text2)
```

▼ 执行结果

```
Simple is better than complex.
Simple_is_better_than_complex.
```

■ 指定count

第3个参数用于指定替换次数。如果只想替换一次，则输入以下代码。

■ recipe_154_02.py

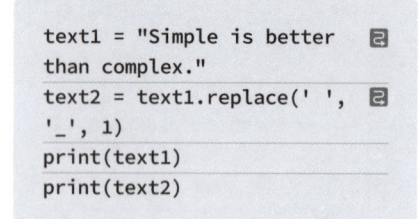

```python
text1 = "Simple is better than complex."
text2 = text1.replace(' ', '_', 1)
print(text1)
print(text2)
```

▼ 执行结果

```
Simple is better than complex.
Simple_is better than complex.
```

155 判断是否包含字符串

语法

语法	意义
str类型变量1 in str类型变量2	如果str类型变量1的字符串包含在str类型变量2的字符串中，则为True

■ 字符串包含判断

in用于判断列表或集合是否包含元素，而对于字符串，则可以判断是否包含某些字符串。结果以布尔型返回。请注意，大小写及全角与半角是严格区分的。下面的代码判断字符串中是否包含字符串pen，并输出结果。

■ recipe_155_01.py

```python
text = "This is a pen."
contains = "pen" in text
print(contains)
```

▼ 执行结果

```
True
```

如果不想区分大小写，则可以将其全部替换为其中一种。下面的代码用于将所有字母替换为小写字母后再进行判断。

■ recipe_155_02.py

```python
text = "This is a pen."
contains = "THIS".lower() in text.lower()
print(contains)
```

▼ 执行结果

```
True
```

156 提取字符串的一部分

语法

语法	意义
str类型变量[start:stop]	从字符串的第start到第stop之前检索字符串

■ 检索带索引的字符

由于字符串是序列，因此可以通过索引检索字符。末尾可以是−1。例如，如果要检索字符串的第0个、第3个和末尾的字符（从0开始计数），则使用以下代码。

■ recipe_156_01.py

```python
text = 'abcdefg'
c1 = text[0]
c2 = text[3]
c3 = text[-1]
print(c1, c2, c3)
```

▼ 执行结果

```
a d g
```

■ 使用切片语法提取子字符串

此外，与列表等序列类似，切片语法可以剪切索引中指定范围内的字符。下面的代码检索字符串中的第3~5个字符（从0开始计数）。

■ recipe_156_02.py

```python
text = 'abcdefg'
sub_strig = text[3:6]
print(sub_strig)
```

▼ 执行结果

```
def
```

157 删除字符串中不需要的空格

语法

方法	返回值
str类型变量.strip()	删除字符串两侧的空格
str类型变量.rstrip()	删除字符串右侧的空格
str类型变量.lstrip()	删除字符串左侧的空格

■ 使用strip方法删除字符串两侧的空格

在进行文本处理时，前后可能会出现不必要的空格。Pyhton提供了strip方法，用于删除不需要的空格，尽管可以用正则表达式替换这些字符串。下面的代码通过删除两边都有空格的文本并输出。为了确保已删除，在输出结果两侧显示"*"。

■ recipe_157_01.py

```python
text = " abcdefg "
stripped = text.strip()
print("*" + stripped + "*")
```

▼ 执行结果

```
*abcdefg*
```

■ 使用rstrip、lstrip方法删除右侧或左侧的空格

此外，如果只想删除右侧或左侧的空格，则使用rstrip或lstrip方法。在下面的代码中，将左右两侧的空格删掉并输出。

157

删除字符串中不需要的空格

- recipe_157_02.py

```python
text = " abcdefg "

# 删除右侧的空格
r_stripped = text.rstrip()
print("*" + r_stripped + "*")

# 删除左侧的空格
l_stripped = text.lstrip()
print("*" + l_stripped + "*")
```

▼ 执行结果

```
* abcdefg*
*abcdefg *
```

158 转换字符串的大小写

> **语法**

方法	处理和返回值
str类型变量.upper()	返回将字符串全部转换为大写形式的字符串
str类型变量.lower()	返回将字符串全部转换为小写形式的字符串

■ 转换大写或小写

upper方法

使用upper方法可以将所有字符转换为大写形式。以下代码将所有混合大小写的字符串转换为大写形式。

■ recipe_158_01.py

```python
text = "abcEDFghi"
upper_text = text.upper()
print(upper_text)
```

▼ 执行结果

```
ABCEDFGHI
```

lower方法

使用lower方法可以将所有字符转换为小写形式。以下代码将所有混合大小写的字符串转换为小写形式。

■ recipe_158_02.py

```python
text = "abcEDFghi"
lower_text = text.lower()
print(lower_text)
```

▼ 执行结果

```
abcedfghi
```

159 判断字符串的类型

语法

方法	返回值
str类型变量.isalnum()	如果所有字符都是字母或数字且至少有一个字符,则为True
str类型变量.isalpha()	如果所有字符都是字母且至少有一个字符,则为True
str类型变量.isascii()	如果所有字符都是ASCII或空字符,则为True
str类型变量.isdecimal()	如果所有字符都是十进制数且至少有一个字符,则为True
str类型变量.islower()	如果所有字符都是小写字母且至少有一个字符,则为True
str类型变量.isupper()	如果所有字符都是大写字母且至少有一个字符,则为True
str类型变量.isspace()	如果所有字符都是空格且至少有一个字符,则为True

■ is...方法

Python字符串提供了一系列判定系统的方法:is...。例如,如果要通过输入值检查来判断字符串是否为ASCII,则可以使用isascii方法。下面的代码判断字符串中的所有字符是ASCII字符还是十进制数值字符。

■ recipe_159_01.py

```python
text1 = "abc123"
text2 = "123"

# 是否仅是ASCII字符
print(str.isascii(text1))
print(str.isascii(text2))

# 是否仅是十进制数值
print(str.isdecimal(text1))
print(str.isdecimal(text2))
```

▼ 执行结果

```
True
True
False
True
```

需要注意的是,如果满足全角条件,isalnum、isalpha、isdecimal、isspace等将返回True。下面的代码判断是否为全角字符串,但它们都为True。

■ recipe_159_02.py

```
print(str.isalnum("ａｂｃ１２３"))
print(str.isalpha("ａｂｃ"))
print(str.isdecimal("１２３"))
print(str.isspace("　"))      # 全角空格
```

▼ 执行结果

```
True
True
True
True
```

160 用分隔符分隔字符串

> **语法**
>
> | 方法 | 处理和返回值 |
> |---|---|
> | `str`类型变量.`split`(分隔符) | 用分隔符分隔字符串并以列表形式返回 |

■ 拆分字符串

使用split方法可以在参数中用指定的分隔符来获得字符串的拆分列表。下面的代码将以空格分隔的文本转换为列表。

■ recipe_160_01.py

```python
text = "Sparse is better than dense."
l = text.split(" ")
print(l)
```

▼ 执行结果

```
['Sparse', 'is', 'better', 'than', 'dense.']
```

161 用0补齐字符串

> **语法**

方法	处理和返回值
`str`类型变量.`zfill`(位数)	返回用0在左边补齐的字符串,长度为参数指定的长度

■ 使用zfill方法用0补齐字符串

zfill方法提供了一个字符串,该字符串用0在左边补齐,长度为参数指定的长度。下面的代码将两位数字转换为字符串,然后使用zfill方法将其填0为4位。

■ recipe_161_01.py

```
num = 92
num_str = str(92)
zfilled = num_str.zfill(4)
print(zfilled)
```

▼ 执行结果

```
0092
```

162 将字符串居中或左右对齐

语法

方法	返回值
str类型变量.rjust(字符数，填充字符)	按指定字符和字符数右对齐的字符串
str类型变量.ljust(字符数，填充字符)	按指定字符和字符数左对齐的字符串
str类型变量.center(字符数，填充字符)	按指定字符和字符数居中对齐的字符串

左右、居中

字符串具有rjust、ljust和center方法，这些方法使用指定的字符数填充指定的字符，并向左、向右和居中对齐。每一个参数都指定了字符数和要填充的字符。以下代码将3个字符的字符串用"*"填满为6个字符，分别是右对齐、左对齐和居中对齐。

■ recipe_162_01.py

```python
text = "abc"

# 右对齐
rjust_text = text.rjust(6, '*')
print(rjust_text)

# 左对齐
ljust_text = text.ljust(6, '*')
print(ljust_text)

# 居中对齐
centralized_text = text.center(6, '*')
print(centralized_text)
```

▼ 执行结果

```
***abc
abc***
*abc**
```

163 将字符串转换为数值

语法

函数	返回值
int(str类型变量)	从指定字符串生成并返回int类型
float(str类型变量)	从指定字符串生成并返回float类型

■ int函数中的整数转换

通过将数值字符串作为int函数的参数,可以将其转换为int类型。例如,将字符串1222转换为数值。

■ recipe_163_01.py

```
text = "1222"
num = int(text)
print(num, type(num))
```

▼ 执行结果

```
1222 <class 'int'>
```

此外,无法转换为int类型的字符会导致ValueError。请注意,小数点也会导致int函数出错。

■ recipe_163_02.py

```
int("1.2")
```

▼ 执行结果

```
ValueError: invalid literal for int() with base 10: '1.2'
```

163

将字符串转换为数值

float函数中的转换

同样,float函数也可以通过将字符串传递给参数来转换为float类型。

■ recipe_163_03.py

```
text = "3.14159"
num = float(text)
print(num, type(num))
```

▼ 执行结果

```
3.14159 <class 'float'>
```

判断是否可以转换为数值类型

isdecimal方法可以判断字符串是否为数值,但它不支持小数点或减号,因此很难判断字符串是否可以转换为数值类型。更好的方法是通过实际转换来判断是否发生ValueError。

■ recipe_163_04.py

```
def is_float(val):
    try:
        num = float(val)
    except ValueError:
        return False
    return True

def is_int(val):
    try:
        num = int(val)
    except ValueError:
        return False
    return True

print(is_float("23"))        # True
print(is_float("23.2"))      # True
print(is_float("23x"))       # False

print(is_int("23"))          # True
print(is_int("23.2"))        # False
print(is_int("23x"))         # False
```

164 提取包含特定字符串的行

> **语法**
>
> ```
> [line for line in text.split("\n") if "特定字符串" in line]
> ```

※换行符为\n。
※text是要处理的str类型变量。

■ 提取特定行

使用字符串的split方法和列表内包表示法，可以只提取包含特定字符串的行。因为有点复杂，所以按照处理的顺序进行解说。首先，在split方法中用换行代码拆分文本，这将生成一个单行存储的列表；然后，可以使用列表内包表示法只提取包含特定字符串的行。

此外，如果join中的每一行都用换行代码连接起来，则可以构建从原始文本中仅提取包含特定字符串的行的文本。

下面的代码按步骤重写了开头的语句，并提取了包含字符串com的行。

■ recipe_164_01.py

```python
text = """Beautiful is better than ugly.
Explicit is better than implicit.
Simple is better than complex.
Complex is better than complicated.
"""

lines = text.split("\n")
line_list = [line for line in lines if "com" in line]
new_text = "\n".join(line_list)
print(new_text)
```

▼ 执行结果

```
Simple is better than complex.
Complex is better than complicated.
```

165 删除空行

> **语法**

```
[line for line in text.split("\n") if line.strip() != ""]
```
※text是要删除空行的str类型变量。

■ 删除空行简介

可以使用与只提取包含特定字符串的行相同的方法来删除文本中的空行。首先，使用split方法将列表转换为用换行代码分隔的列表；然后，使用内包表示法只提取空行或非空行。还可以在join中用换行符连接每一行，以生成从原始文本中删除空行的文本。

下面的代码按步骤重写了开头的语句。

■ recipe_165_01.py

```python
text = """The Zen of Python, by Tim Peters

Beautiful is better than ugly.


Explicit is better than implicit.
"""
lines = text.split("\n")
line_list = [line for line in lines if line.strip() != ""]
new_text = "\n".join(line_list)
print(new_text)
```

▼ 执行结果

```
The Zen of Python, by Tim Peters
Beautiful is better than ugly.
Explicit is better than implicit.
```

166 转换半角和全角

> **语法**

- 安装mojimoji

```
pip install mojimoji
```

- 导入mojimoji

```
import mojimoji
```

- 全角和半角的转换

函数	返回值
zen_to_han(str类型变量)	将全角转换为半角的字符串
han_to_zen(str类型变量)	将半角转换为全角的字符串

■ 全角和半角的转换

如果要在预处理文本分析时统一全角和半角，可以使用第三方转换库mojimoji来执行全/半角转换。

将全角转换为半角

zen_to_han函数可以将全角转换为半角。还可以在关键字参数中指定选项kana、digit和ascii，以禁用假名、数字和字母。

■ recipe_166_01.py[1]

```python
import mojimoji

text = "ｐｙｔｈｏｎ パイソン １０００"
print(mojimoji.zen_to_han(text))
print(mojimoji.zen_to_han(text, kana=False))
print(mojimoji.zen_to_han(text, digit=False))
print(mojimoji.zen_to_han(text, ascii=False))
```

---

[1] 译者注：因书中有些代码是针对日文进行的全/半角转换或相应编码转换，翻译成中文后会导致代码出错，所以对此类代码中的日文不进行翻译。

166

转换半角和全角

▼ 执行结果

```
python パイソン 1000
python パイソン 1000
python パイソン１０００
ｐｙｔｈｏｎ パイソン 1000
```

将半角转换为全角

可以使用han_to_zen函数将半角转换为全角。与zen_to_han函数类似，关键字参数中的选项kana、digit和ascii可以指定禁用假名、数字和字母。

■ recipe_166_02.py

```python
import mojimoji

text = "python パイソン 1000"
print(mojimoji.han_to_zen(text))
print(mojimoji.han_to_zen(text, kana=False))
print(mojimoji.han_to_zen(text, digit=False))
print(mojimoji.han_to_zen(text, ascii=False))
```

▼ 执行结果

```
ｐｙｔｈｏｎ　パイソン　１０００
ｐｙｔｈｏｎ　パイソン　１０００
ｐｙｔｈｏｎ　パイソン　1000
python パイソン　１０００
```

167 转换bytes类型和字符串

> **语法**

- **将bytes类型转换为字符串**

方法	处理和返回值
bytes类型变量.decode(encoding='编码')	将bytes类型解码为字符串并返回

▶ **典型编码**

编码	意义
ascii	ASCII
shift_jis	移位JIS
utf_8	UTF-8
utf_8_sig	UTF-8(BOM清单)

- **将字符串转换为bytes类型**

方法	处理和返回值
str类型变量.encode()	以bytes类型编码并返回

■ 将bytes类型转换为字符串

bytes类型通常用于使用二进制数据与外部资源(如文件或通信)进行交互,但如果二进制数据的内容是文本,则可以使用decode方法将其解码为Python字符串。指定encoding作为参数,如果省略,则应用utf_8。注意,encoding中的下划线有时用连字符书写,但这两种书写方式都是正确的(shift_jis和shift-jis、utf_8和utf-8)。

例如,平假名中的"あ"在utf-8中为E38182,但在解码该字节序列时,它将如下所示。

■ recipe_167_01.py

```
b = bytes([0xE3, 0x81, 0x82])
s = b.decode(encoding='utf_8')
print(s)
```

167

转换bytes类型和字符串

▼ 执行结果

```
あ
```

另外，如果试图解码不支持字符代码的二进制数据，则会发生UnicodeDecodeError。

■ 将字符串转换为bytes类型

相反，如果要将字符串编码为bytes类型，则使用encode方法。下面的代码将字符串"あ"编码为bytes类型，与前面的代码相反。

■ recipe_167_02.py

```
s = "あ"
b = s.encode()
print(b)
```

▼ 执行结果

```
b'\xe3\x81\x82'
```

168 确定字符代码

语法

- 安装chardet

```
pip install chardet
```

- 导入chardet

```
import chardet
```

- 确定字符代码

函数	返回值
chardet.detect(bytes类型)	包含字符代码信息的字典； encoding：字符代码； confidence：判定结果的可靠性； language：语言

使用chardet确定字符代码

例如，如果要从多个不同的位置（如Web或共享文件夹）收集和分析不同的文本，则字符代码可能不一定统一，因此打开时可能会出现乱码。chardet可以确定字符代码，如文本。下面的代码确定文本文件的字符代码。以二进制格式打开文件。

以下示例代码检查名为tmp.txt的utf-8文件的字符代码。返回值采用字典格式。

■ recipe_168_01.py

```python
import chardet
with open("tmp.txt", mode='rb') as f:
    result = chardet.detect(f.read())
    print(result)
```

▼ 执行结果

```
{'encoding': 'utf-8', 'confidence': 0.9690625, 'language': ''}
```

请注意，可能无法找到语言。

168

确定字符代码

确定大文件

在进行字符串测试时，如果对较大的数据进行测试，则会花费较长的时间。在这种情况下，可以使用UniversalDetector，使用feed方法逐步进行测试，并在达到一定的可信度时完成测试。以下示例使用UniversalDetector重写了先前的示例。

- recipe_168_02.py

```python
import chardet
from chardet.universaldetector import UniversalDetector

detector = UniversalDetector()

with open("tmp.txt", mode='rb') as f:
    for b in f:
        detector.feed(b)
        if detector.done:
            break

detector.close()
print(detector.result)
```

169 生成随机字符串

语法

语法	意义
`''.join(random.choices("字符集", k=N))`	从字符集中随机选择*N*个字符的字符串

■ 生成随机字符串简介

用户可能想使用初始密码或令牌生成随机字符串，但对于Python 3.6及更高版本，使用标准库random中的choices方法，可以轻松生成随机字符串。如果Python版本低于3.6，则需要稍微下点功夫。

使用random.choices方法生成随机字符串

random.choices方法从参数指定的顺序对象中随机抽取指定数量的重复元素。由于Python字符串是顺序对象，因此要从ASCII字符串中获得5个随机字符，执行以下操作，k用于指定要提取的字符数为5。

■ recipe_169_01.py

```python
import random
letters = 'abcdefghijklmnopqrstuvwxyzABCDE
FGHIJKLMNOPQRSTUVWXYZ0123456789'
rl = random.choices(letters, k=5)
print(rl)
```

▼ 执行结果

```
['R', 'n', 'J',
'T', 'k']
```

※每次执行，结果都会发生变化。

正如上面的样本所示，随机抽取了5个字母。剩下的就是用join结合了。此外，由于ASCII字符集是在string模块中提供的，因此使用它会更加智能。

属性	字符集
ascii_letters	ASCII字母
ascii_lowercase	ASCII小写字母
ascii_uppercase	ASCII大写字母
digits	数字

169

生成随机字符串

如果加上上表中所列的属性，则代码如下所示。

■ recipe_169_02.py

```python
import random
import string

# 生成ASCII字符串
rtext1 = ''.join(random.choices(string.ascii_letters, k=5))
print(rtext1)

# 生成ASCII字符串和数字
rtext2 = ''.join(random.choices(string.ascii_letters + string.digits, k=5))
print(rtext2)
```

▼ 执行结果

```
MIurx
h2PiP
```

使用random.choice方法生成随机字符串（Python 3.6之前的版本）

对于Python 3.6之前的版本，使用random.choice方法。random.choice方法从参数指定的序列中随机抽取一个元素。可以使用此方法创建一个与choices方法类似的列表，并使用内包表示法。

```python
import random
import string

# 生成ASCII字符串
rtext1 = ''.join([random.choice(string.ascii_letters) for _ in range(5)])
# 生成ASCII字符串和数字
rtext2 = ''.join([random.choice(string.ascii_letters + string.digits) for _ in range(5)])
```

170 正则表达式

语法

- 导入re模块

```
import re
```

■ 正则表达式简介

正则表达式使用称为元字符的字符来表示字符串搜索模式。可以从任何文本中提取与此搜索模式匹配的字符串，或执行文本处理（如替换）。在Python中使用正则表达式时，需要使用标准库中的re模块。re模块提供以下函数。

函数	返回值
findall	在列表中返回匹配的字符串
split	返回匹配字符串中原始字符串的拆分列表
sub	返回替换匹配字符串的字符串
search	如果存在匹配的字符串，则返回匹配对象

关于以上函数的使用方法，将在后文进行说明。

可用的正则表达式等效于perl正则表达式。下一页中的表格是可用的。

某些正则表达式还可以通过指定标志来改变匹配行为，请参见"177 跨多行处理正则表达式"。

■ 使用原始字符串

在Python中使用正则表达式字符串时，建议使用原始字符串，因为某些元字符需要转义。例如，如果在模式中使用反斜杠文字，则在正则表达式中为"\\"；如果不使用原始字符串，则需要进行Python转义，并且必须写为"\\\\"。

下面的代码是用于在Windows网络驱动器路径中匹配"\\my-host\"的正则表达式。如果不使用原始字符串，可读性就会下降很多。

170

正则表达式

■ 不使用原始字符串

```
regex = "\\\\\\\\my-host\\\\\.*"
```

■ 使用原始字符串

```
regex = r"\\\\my-host\\\.*"
```

• 代表性正则表达式

正则表达式	意 义	示 例	示例说明
.	非换行符	...	非换行符的任意3个字符
^	字符串开头	^...	前3个字符
$	字符串的末尾，或字符串的前3个字符后换行之前	...$	前3个字符
*	重复前一个正则表达式0次以上	ab*c	匹配abc或ac
+	重复前一个正则表达式0次或多次	ab+c	匹配abc
?	前一个正则表达式存在0次或1次	abcd?	匹配abc或abcd
|	其中一个	ab|cd	匹配ab或cd
(…)	对括号进行分组	x(ab|cd)	从x开始，匹配ab或cd
\	转义后面的正则表达式符号	\\	与\一致
[…]	方括号中的任意一个字符	[abc] [a-c]	匹配a、b或c
[^…]	不在方括号内	[^abc] [^a-c]	不匹配a、b、c
{n}	上一个正则表达式的重复次数	A{3}	重复匹配A 3次
{n,}	上一个正则表达式的最小重复次数	A{3,}	重复匹配A 3次或3次以上
{n,m}	上一个正则表达式的重复次数范围	A{3,6}	重复匹配A 3~6次

171 使用正则表达式进行搜索

语法

函数	处理和返回值
re.findall("正则表达式字符串", "字符串")	在列表中返回与指定正则表达式匹配的字符串

■ 正则表达式搜索

使用findall函数可以在列表中获得与指定条件匹配的字符串。下面的代码使用正则表达式查找字符串"t和任意单个字符"的子字符串。

■ recipe_171_01.py

```python
import re
text = "In the face of ambiguity, refuse the temptation to guess."
match_list = re.findall(r"t.", text)
print(match_list)
```

▼ 执行结果

```
['th', 'ty', 'th', 'te', 'ta', 'ti', 'to']
```

172 使用正则表达式进行替换

语法

函数	处理和返回值
re.sub("正则表达式字符串", "要替换的字符串", "被替换的字符串")	返回用正则表达式替换的字符串

■ 正则表达式替换

通过re模块中的sub函数使用正则表达式进行替换。以下代码将所有空格"\s"替换为"_"。

■ recipe_172_01.py

```python
import re
text = "Beautiful is better than ugly."
replaced = re.sub(r"\s", "_", text)
print(replaced)
```

▼ 执行结果

```
Beautiful_is_better_than_ugly.
```

173 使用正则表达式拆分文本

语法

函数	处理和返回值
re.split("正则表达式字符串", "目标字符串")	返回在正则表达式匹配的位置拆分的字符串列表

■ 正则表达式拆分

使用re模块中的split函数，可以获得在正则表达式中匹配的位置拆分的字符串列表。下面的代码用数字、字母以外的字符分隔字符串。

■ recipe_173_01.py

```python
import re

text = "Special cases aren't special enough to break the rules."
splited = re.split(r"[^a-zA-Z0-9]+", text)
print(splited)
```

▼ 执行结果

```
['Special', 'cases', 'aren', 't', 'special', 'enough', 'to', 'break', 'the', 'rules', '']
```

174 使用正则表达式组

> **语法**
>
> （正则表达式字符串）

■ 正则表达式组

使用正则表达式组可以分组和检索所需的匹配对象。这是数据分析和ETL工具实现中常用的功能。

例如，作为商品信息，有以下数据：商品id、目录代码、商品名称并用可变长度的空格分隔罗列。

```
101 CF001    咖啡
102 CF002    咖啡（便宜货）
201 TE01     红茶
202 TE02     红茶（便宜货A）
203 TE03     红茶（便宜货B）
```

如果商品id是数字，目录代码是大写字母和数字的组合，商品名称是任意字符串，则每个字段可以表示为

- 商品id：[0-9]+。
- 目录代码：[0-9A-Z]+。
- 商品名称：.*。
- 分隔符：空格+。

如果这些正则表达式以组的形式表示，则可以表示为

```
([0-9]+) +([0-9A-Z]+) +(.*)
```

下面的代码将该组指定为模式，并将其解析为元组。

■ recipe_174_01.py

```
import re
text = """101 CF001     咖啡
102 CF002     咖啡（便宜货）
201 TE01      红茶
202 TE02      红茶（便宜货A）
203 TE02      红茶（便宜货B）"""

items = re.findall(r'([0-9]+) +([0-9A-Z]+) +(.*)', text)
print(items)
```

▼ 执行结果

```
[('101', 'CF001', '咖啡'), ('102', 'CF002', '咖啡（便宜货）'), ('201', 'TE01', '红茶'), ('202', 'TE02', '红茶（便宜货A）'), ('203', 'TE02', '红茶（便宜货B）')]
```

从执行结果可以确认已按项目分组。

175 查找正则表达式匹配项

语法

函数	处理和返回值
`re.search("正则表达式字符串", "目标字符串")`	返回匹配对象,其中包含第1个正则表达式匹配的信息

- Match对象的方法

方法	返回值
`m.start()`	开始索引
`m.end()`	结束索引
`m.span()`	开始和结束索引元组
`m.group()`	匹配字符串
`m.groups()`	与正则表达式组匹配的元素的元组

※m表示Match对象。

匹配对象和正则表达式匹配项

re模块的search函数返回Match对象,其中包含正则表达式中第1个匹配项的信息。通过Match对象,可以获得匹配字符串以及开始和结束位置等信息。

下面的代码输出p和任意3个字符的字符串("p...")的匹配字符串和匹配位置。

■ recipe_175_01.py

```
import re
text = "Errors should never pass silently."
m_obj = re.search(r"p...", text)
print(m_obj.group())
print(m_obj.start())
print(m_obj.end())
```

▼ 执行结果

```
pass
20
24
```

它还支持正则表达式组，使用groups可以获得与正则表达式组匹配的元素的元组。下面的代码指定正则表达式组（n和任意4个字符）+空格+（p和任意3个字符），并输出匹配字符串及其列表。

■ recipe_175_02.py

```python
import re
text = "Errors should never pass silently."
m_obj = re.search(r"(n....)\s(p...)", text)
print(m_obj.group())
print(m_obj.groups())
```

▼ 执行结果

```
never pass
('never', 'pass')
```

176 使用Greedy和Lazy

语法

符号	意义
正则表达式	Greedy
正则表达式?	Lazy

■ Greedy和Lazy

正则表达式Greedy（贪婪）是指在提取与模式匹配的字符串时提取最大匹配范围的情况。而Lazy（懒惰）是指获得"尽可能少"的匹配。另外，Lazy有时被称为minimal。默认情况下，Python正则表达式对Greedy起作用，但结尾处为"?"的正则表达式对Lazy起作用。

下面的代码试图搜索"t到空格"。已搜索"the到to"作为最大范围。

■ recipe_176_01.py

```python
import re
text = "In the face of ambiguity, refuse the temptation to guess."
match_list = re.findall(r"t.*\s", text)
print(match_list)
```

▼ 执行结果

```
['the face of ambiguity, refuse the temptation to ']
```

另一方面，"?"可以验证t到最近的空格之间是否匹配。

■ recipe_176_02.py

```python
match_list = re.findall(r"t.*?\s", text)
```

▼ 执行结果

```
['the ', 'ty, ', 'the ', 'temptation ', 'to ']
```

177 跨多行处理正则表达式

语法

正则表达式	意义
.	除换行符以外的任何字符,如果标记为DOTALL,则包括换行符的所有字符
^	在字符串的开头、在MULTILINE模式下,除此之外,在每次换行之后
$	在字符串末尾或字符串末尾的换行之前、在MULTILINE模式下,除此之外,在换行之前

■ DOTALL标志和MULTILINE模式

前面介绍的findall、split、sub和search函数可以通过指定参数flags来改变正则表达式的行为。如果指定re.DOTALL,则"."将匹配所有字符,包括换行符。此外,如果指定re.MULTILINE,则匹配将在换行之前添加"^"和"$"。如果同时指定re.DOTALL和re.MULTILINE,则用"|"连接。

在以下代码中,对于多行文本,findall函数使用"^"".""*""?"搜索"$"匹配项。如果未指定flags,则"."和"*"仅匹配到第1个换行符,但可以指定DOTALL以确保匹配遍历所有行。另外,还可以通过指定MULTILINE来确保"^"和"$"在换行前后匹配。

■ recipe_177_01.py

```
import re

text = """Beautiful is better than ugly.
Explicit is better than implicit.
Simple is better than complex."""

l1 = re.findall(r"^.*?$", text)
print(l1)

l2 = re.findall(r"^.*?$", text, flags=re.DOTALL)
print(l2)
```

177

跨多行处理正则表达式

```
l3 = re.findall(r"^.*?$", text, flags=re.DOTALL | re.MULTILINE)
print(l3)
```

▼ 执行结果

```
[]
['Beautiful is better than ugly.\nExplicit is better than implicit.\nSimple is better than complex.']
['Beautiful is better than ugly.', 'Explicit is better than implicit.', 'Simple is better than complex.']
```

列表与字典

第12章

178 生成由n个相同要素组成的列表

语法

[要素] * n

▪ 列表和"*"运算符

可以用*n将列表复制n次并连在一起生成新的列表。

■ recipe_178_01.py

```
l1 = [1, 2, 3]
l2 = l1 * 3
print(l2)
```

▼ 执行结果

```
[1, 2, 3, 1, 2, 3, 1, 2, 3]
```

以上代码可以生成一个由n个相同元素组成的列表。例如，如果要生成一个所有值均为0且元素数为100的列表，可以编写如下代码。

```
l = [0] * 100
```

179 合并列表

> **语法**

- 用运算符合并

运算符	意义
list类型变量1 + list类型变量2	合并list类型变量1、list类型变量2

- 用extend方法合并

方法	处理和返回值
list类型变量1.extend(list类型变量2)	将list类型变量1与list类型变量2合并,无返回值

■ 使用"+"运算符合并列表

可以使用"+"运算符合并列表。下面的代码将l1和l2的合并结果赋给l3。可以看到原来的l1、l2没有变化。

■ recipe_179_01.py

```
l1 = ["苹果", "橘子", "香蕉"]
l2 = ["草莓", "橙子", "菠萝"]
l3 = l1 + l2
print(l1)
print(l2)
print(l3)
```

▼ 执行结果

```
['苹果', '橘子', '香蕉']
['草莓', '橙子', '菠萝']
['苹果', '橘子', '香蕉', '草莓', '橙子', '菠萝']
```

■ 用extend方法合并列表

使用extend方法可以将另一个列表合并到一个列表中。请注意,执行该方法的列表本身发生了更改。下面的代码将列表l2与列表l1绑定。

179

合并列表

■ recipe_179_02.py

```python
l1 = ["苹果", "橘子", "香蕉"]
l2 = ["草莓", "橙子", "菠萝"]
l1.extend(l2)
print(l1)
```

▼ 执行结果

```
['苹果', '橘子', '香蕉', '草莓', '橙子', '菠萝']
```

验证l1与l2的合并结果。

180 对列表中的元素进行排序

> **语法**

- 使用sorted函数排序

函数	返回值
`sorted(list类型变量)`	返回由参数指定的列表排序的新列表

- 使用sort方法排序

方法	处理和返回值
`list类型变量.sort()`	对列表本身进行排序,无返回值

■ 排序列表

有两种对列表进行排序的方法。

▶ 利用内置函数sorted(原始列表不变,得到排序列表)。
▶ 利用列表自身拥有的sort方法对自身进行排序。

sorted函数

如果要生成新的排序列表,则使用sorted函数。返回值将得到一个新的排序列表,原始列表不变,如上所述。

- 升序排序

通过为参数指定要排序的列表,可以按升序排序。

■ recipe_180_01.py

```python
l1 = ['d', 'b', 'c', 'a']
l2 = sorted(l1)
print(l2)
```

▼ 执行结果

```
['a', 'b', 'c', 'd']
```

- 反转排序顺序

如果将reverse参数指定为True,则排序顺序将反转。

180

对列表中的元素进行排序

■ recipe_180_02.py

```python
l1 = ['d', 'b', 'c', 'a']
l2 = sorted(l1, reverse=True)
print(l2)
```

▼ 执行结果

```
['d', 'c', 'b', 'a']
```

- **不区分大小写排序**

可以在key中指定要排序的函数对象,以便在排序前执行操作。例如,如果将str.lower指定给参数key,则在排序之前,列表中的每个元素都将被转换为小写字母,然后返回对它们进行排序的结果。

■ recipe_180_03.py

```python
l1 = ['bc', 'ac', 'bD', 'AB']
l2 = sorted(l1)
print(l2)

l2 = sorted(l1, key=str.lower)
print(l2)
```

▼ 执行结果

```
['AB', 'ac', 'bD', 'bc']
['AB', 'ac', 'bc', 'bD']
```

通过指定key=str.lower,可以确保排序时不区分大小写。

sort方法

如果要对原始列表类型变量本身进行排序,则使用sort方法。与上面介绍的sorted函数的内置函数的用法大同小异,因此这里不再详细介绍。

■ recipe_180_04.py（升序排序）

```
l = ['d', 'b', 'c', 'a']
l.sort()
print(l)
```

▼ 执行结果

```
['a', 'b', 'c', 'd']
```

■ recipe_180_05.py（反转排序顺序）

```
l = ['d', 'b', 'c', 'a']
l.sort(reverse=True)
print(l)
```

▼ 执行结果

```
['d', 'c', 'b', 'a']
```

■ recipe_180_06.py（不区分大小写排序）

```
l = ['bc', 'ac', 'bD', 'AB']
l.sort(key=str.lower)
print(l)
```

▼ 执行结果

```
['AB', 'ac', 'bc', 'bD']
```

在任一代码中，都可以看到执行方法的列表已排序。

181 对列表中的所有元素进行特定处理

语法

函数	处理和返回值
map(函数对象, list类型变量)	对列表中的每个元素进行指定函数处理的map对象

■ map函数

使用map函数可以获得一个map对象,该对象对序列中的所有元素(如列表)进行指定函数的处理。第1个参数是函数对象,第2个参数是列表,以此类推。

下面的代码将列表中的所有元素乘以2。

■ recipe_181_01.py

```
# 将元素乘以2的函数
def calc_double(n):
    return n * 2

l1 = [1, 3, 6, 50, 5]

# 使用map函数将l1的所有元素乘以2并存储在map1中
map1 = map(calc_double, l1)

# 将map类型转换为列表并存储在l2中
l2 = list(map1)

print(l2)
```

▼ 执行结果

```
[2, 6, 12, 100, 10]
```

使用map函数,可以省去新建列表、循环旋转、应用等麻烦。map函数的返回值称为map对象,它允许循环,但不能引用索引,也不能使用list方法,如append。

此外，在print函数中输出时，它不会显示在逗号分隔的元素中，而只显示对象的类型名称。如果要再次将其转换为列表类型，则使用list函数进行转换，如上例所示。

另外，请注意，map对象是迭代器，因此一旦用for语句或list函数读取，其内容就无法引用。如果前面的代码底部为以下内容，则l2将为空。

■ recipe_181_02.py

```
map1 = map(calc_double, l1)
for x in map1:
    print(x)

l2 = list(map1)
print(l2)
```

▼ 执行结果

```
2
6
12
100
10
[]
```

182 将列表转换为CSV字符串

> **语法**
>
> ",".join(map(str, list类型变量))

■ 列表的CSV转换

在实际操作中,经常有一种情况是希望用CSV或TSV转存包含数据的列表。如果只包含字符串,则只能使用join函数;如果包含非字符串,则必须组合join函数、map函数和str函数。

将仅包含字符串元素的列表转换为CSV字符串

使用列表的join方法,可以使用任意分隔符(如逗号或制表符)连接列表元素。下面的代码将列表转换为CSV字符串并输出。

- recipe_182_01.py

```python
l = ["苹果", "橘子", "香蕉"]
csv_str = ",".join(l)
print(csv_str)
```

▼ 执行结果

```
苹果,橘子,香蕉
```

将非字符串列表转换为CSV字符串

对于前一个示例中的非字符串(如数字),将出现TypeError:sequence item:expected str instance。对于每个元素,可以通过str函数将其转换为str对象来解决此问题。使用map函数对每个元素进行转换。

- recipe_182_02.py

```python
item_data = ['橘子', '水果', 200]
csv_str = ",".join(map(str, item_data))
print(csv_str)
```

▼ 执行结果

```
橘子,水果,200
```

183　将列表分成每个包含 *n* 个元素的子列表

> **语法**
>
> `[list类型变量[idx:idx + n] for idx in range(0,len(list类型变量), n)]`

※n表示分割后的大小。

■ 将列表按照 *n* 个元素为一组分割

有多种方法可以实现这个功能,其中一种简单的方法是将列表中的元素按照 *n* 个元素为一组进行切片,然后使用生成器返回结果。下面是一个将包含10个元素的列表拆分为每组3个元素的示例代码。

■ recipe_183_01.py

```python
def split_list(l, n):
    for idx in range(0, len(l), n):
        yield l[idx:idx + n]

l = [1, 2, 3, 4, 5, 6, 7, 8, 9, 10]
result = list(split_list(l, 3))
print(result)
```

▼ 执行结果

```
[[1, 2, 3], [4, 5, 6], [7, 8, 9], [10]]
```

在上述函数的内部,可以使用列表推导式将for循环重写。下面的代码是将上述代码改写为列表推导式的形式。执行结果应该与上述代码相同。

```python
l = [1, 2, 3, 4, 5, 6, 7, 8, 9, 10]
n = 3
result = [l[idx:idx + n] for idx in range(0,len(l), n)]
```

184 将列表分成 n 个部分

> **语法**
>
> `[list类型变量[idx:idx + size] for idx in range(0, len(list类型变量), size)]`

※size表示分割后的大小。

■ 将列表分为 n 个部分

如果要将列表分割为 n 部分，可以使用元素数量除以 n 并将向上取整的结果作为分割后的元素大小。可以使用math模块的ceil函数进行向上取整处理。然后，按照这个大小间隔对列表进行切片操作，就可以得到分割为 n 部分的列表。在以下代码中，将列表分割为3部分。

■ recipe_184_01.py

```python
import math
l1 = [1, 2, 3, 4, 5, 6, 7, 8, 9, 10]
n = 3
size = math.ceil(len(l1) / n)
l2 = [l1[idx:idx + size] for idx in range(0, len(l1), size)]
print(l2)
```

▼ 执行结果

```
[[1, 2, 3, 4], [5, 6, 7, 8], [9, 10]]
```

从执行结果可以看到10个元素的列表被分为3个部分。

185 按条件提取列表中的元素

语法

函数	处理和返回值
filter(函数对象，list类型变量)	使用指定函数从列表中提取元素的filter对象

■ 提取列表元素

使用filter函数可以仅从列表中提取符合指定条件的元素。在第1个参数中指定作为提取条件的函数。指定的函数对参数进行某种判定，即使用返回逻辑类型的函数。返回值是一个filter迭代器，可以循环处理或转换为列表。

下面的代码获取整数列表l1的奇数filter，并将其转换为列表。

■ recipe_185_01.py

```python
def is_odd(n):
    """ 奇数判定函数 """
    return (n%2) == 1

l1 = [1, 2, 4, 5, 6, 10, 11]
ft = filter(is_odd, l1)
l2 = list(ft)
print(l2)
```

▼ 执行结果

```
[1, 5, 11]
```

186 将列表以相反顺序排列

语法

- 使用切片语法

  `list类型变量[::-1]`

- 使用reversed函数

函数	返回值
`reversed(list类型变量)`	返回以相反顺序排列的由参数指定的列表

- 使用reverse方法

方法	处理和返回值
`list类型变量.reverse()`	将列表自身以相反顺序排列，无返回值

将列表反向排列

有3种方法可以反向排列列表。

- 切片语法。
- 利用内置函数reversed（原始列表不变，而是得到一个反向排序的迭代器）。
- 利用列表自身的reverse方法对自身进行分类。

切片语法

获取列表逆序的最简单方法是使用切片语法。如果将切片中的step参数指定为负数，则可以得到一个反向的列表。原始列表不会发生任何更改。

■ recipe_186_01.py

```
l1 = [1, 2, 3, 4, 5]
l2 = l1[::-1]
print(l2)
```

▼ 执行结果

```
[5, 4, 3, 2, 1]
```

reversed函数

内置函数reversed提供返回值的反向迭代器。可以使用list函数将迭代器转换为列表。

■ recipe_186_02.py

```
l1 = [1, 2, 3, 4, 5]
l2 = list(reversed(l1))
print(l2)
```

▼ 执行结果

```
[5, 4, 3, 2, 1]
```

reverse方法

可以使用列表的reverse方法将列表设置为相反的顺序。如上所述,原始列表本身的顺序是相反的。

■ recipe_186_03.py

```
l = [1, 2, 3, 4, 5]
l.reverse()
print(l)
```

▼ 执行结果

```
[5, 4, 3, 2, 1]
```

187 随机打乱列表

> **语法**

- 导入random模块

```
import random
```

- 随机打乱列表的函数

函数	处理和返回值
`random.sample(list类型变量, len(list类型变量))`	返回由参数指定的列表随机生成的新列表
`random.shuffle(list类型变量)`	打乱由参数指定的列表,无返回值

■ 使用函数随机打乱列表

如果要随机打乱列表,则使用标准库中的random模块。有以下两种方法。

- sample函数(得到一个新的随机生成的列表)。
- 使用shuffle函数(随机打乱原始列表)。

使用sample函数随机打乱列表

嵌入式模块random提供了sample函数,用于随机抽奖,如样本,但通过将提取计数设置为与列表相同的大小,即可获得一个单独的随机列表。

■ recipe_187_01.py

```python
import random

l1 = [0, 1, 2, 3, 4]
l2 = random.sample(l1, len(l1))
print(l2)
```

▼ 执行结果

```
[3, 2, 0, 4, 1]
```

※每次运行,结果都会改变。

使用shuffle函数随机打乱列表

嵌入式模块random还提供了shuffle函数,用于随机打乱列表。原始列表也将随之更改,如上所述。

■ recipe_187_02.py

```python
import random

l = [0, 1, 2, 3, 4]
random.shuffle(l)
print(l)
```

▼ 执行结果

```
[3, 2, 0, 4, 1]
```

※每次运行,结果都会改变。

188 创建从列表中删除重复元素的列表

> **语法**
>
> list(dict.fromkeys(list类型变量))

■ 创建删除重复元素的列表

使用dict.fromkeys函数可以获得一个字典,该字典以参数中指定的元素列表中不重复的元素为键。

■ recipe_188_01.py

```
il1 = [1, 2, 1, 3, 5, 4, 4, 3]
print(dict.fromkeys(l1))
```

▼ 执行结果

```
{1: None, 2: None, 3: None, 5: None, 4: None}
```

由于list函数指定了一个字典,因此可以将键列表合并到一起,从而获得一个删除重复元素的列表。

■ recipe_188_02.py

```
l1 = [1, 2, 1, 3, 5, 4, 4, 3]
l2 = list(dict.fromkeys(l1))
print(l2)
```

▼ 执行结果

```
[1, 2, 3, 5, 4]
```

> **专栏**
>
> ## 使用OrderedDict（Python 3.7之前的版本）
>
> 如果Python的版本低于3.7，则dict.fromkeys方法不会保持顺序。所以使用内置模块OrderedDict。上述代码的新列表生成部分如下所示。
>
> ```
> from collections import OrderedDict
> l2 = list(OrderedDict.fromkeys(l1))
> ```
>
> 或者，如果不需要保持顺序，则将其转换为set类型。上述代码的新列表生成部分如下所示。
>
> ```
> l2 = list(set(l1))
> ```

189 从键和值列表生成字典

语法

```
dict(zip(键列表，值列表))
```

zip函数

内置函数zip提供了一个迭代器，该迭代器包含多个可使用的变量。可以使用它从键和值列表生成字典。

■ recipe_189_01.py

```
keys = ['Monday', 'Tuesday', 'Wednesday', 'Thursday', 'Friday',
'Saturday', 'Sunday']
values = ['星期一', '星期二', '星期三', '星期四', '星期五', '星期六',
'星期日']

week_days = dict(zip(keys, values))
print(week_days)
```

▼ 执行结果

```
{'Monday': '星期一', 'Tuesday': '星期二', 'Wednesday': '星期三',
'Thursday': '星期四', 'Friday': '星期五', 'Saturday': '星期六',
'Sunday': '星期日'}
```

从执行结果中可以确认已经生成了一个以英语中的星期为键、以中文中的意义为值的字典。

190 交换字典中的键和值

> **语法**
>
> {value:key for key, value in dict类型变量.items()}

■ 根据字典内包表示法交换键和值

如果活用字典内包表示法的话，可以简单地写出交换字典的键和值的语句。

■ recipe_190_01.py

```python
d = {'key1': 100, 'key2': 200, 'key3': 300}
swapped_dict = {value:key for key, value in d.items()}
print(swapped_dict)
```

▼ 执行结果

```
{100: 'key1', 200: 'key2', 300: 'key3'}
```

但是，由于字典的特性要求键必须是唯一的和可哈希的（hashable），因此在使用此语法时，字典的值必须是唯一的和可哈希的。

191 合并两个字典

语法

- 使用update方法合并

方法	处理和返回值
`dict类型变量1.update(dict类型变量2)`	将dict类型变量2的元素合并到dict类型变量1中,无返回值

- 使用dict函数生成新的合并字典

函数	处理和返回值
`dict(dict类型变量1, **dict类型变量2)`	返回将dict类型变量2的元素合并到dict类型变量1的新字典

合并字典

update方法

使用dict类型的update方法可以合并字典,该方法是在参数中指定要合并的字典。如果键重复,则参数中指定的字典值优先。请注意,原始字典本身将发生变化。

■ recipe_191_01.py

```
d1 = {"key1":100, "key2":200}
d2 = {"key2":220, "key3":300, "key4":400}

d1.update(d2)  # 将d2合并到d1
print(d1)
```

▼ 执行结果

```
{'key1': 100, 'key2': 220, 'key3': 300, 'key4': 400}
```

dict函数

如上所述,update方法对运行该方法的字典具有破坏性作用。如果想要创建一个新字典,则使用内置函数dict创建一个新字典。其中,第1个参数是字典;第2个参数是关键字参数。

■ recipe_191_02.py

```
d1 = {"key1":100, "key2":200}
d2 = {"key2":220, "key3":300, "key4":400}
d3 = dict(d1, **d2)
print(d3)
```

▼ 执行结果

```
{'key1': 100, 'key2': 220, 'key3': 300, 'key4': 400}
```

日期和时间

第13章

192 处理日期和时间

语法

- 日期和时间类型

类型	作用
`date`	处理日期
`datetime`	处理日期和时间
`time`	处理时间
`timedelta`	处理日期和时间的计算

datetime模块

使用datetime模块处理Python中的日期和时间。datetime模块提供日期和时间类型。这些类型可以计算日期和时间以及转换格式字符串等。

193 datetime(日期和时间)处理

语法

- 生成datetime类型

语法	意义
datetime(year, month, day, hour=0, minute=0, second=0, microsecond=0)	生成用参数指定的datetime类型：年、月、日、小时、分钟、秒、微秒

- datetime类型的属性

属性	意义
year	年
month	月
day	日
hour	时
minute	分
second	秒
microsecond	微秒

▬ 生成datetime类型

如果要生成datetime类型，则在参数中指定日期和时间。可以在关键字参数中指定除年、月、日以外的部分内容。生成的datetime类型可以通过指定属性来引用日期或时间。以下代码生成datetime类型，日期和时间为2021年10月12日12时1分5秒，并获取每个值。

■ recipe_193_01.py

```
from datetime import datetime
d = datetime(2021, 10, 12, 12, 1, 5)
print(d.year)
print(d.month)
print(d.day)
print(d.hour)
print(d.minute)
print(d.second)
```

▼ 执行结果

```
2021
10
12
12
1
5
```

194 字符串和日期类型的转换

> **语法**

- 将字符串转换为日期类型

方法	返回值
`datetime.strptime("日期字符串", "格式化字符串")`	将字符串转换为日期类型并返回

- 将日期转换为字符串类型

方法	返回值
`datetime类型变量.strftime("格式化字符串")`	将日期类型转换为字符串并返回

- 格式化字符串

字符串	意义
%Y	4位数的年份
%m	2位数的月份(在前面补0)
%d	2位数的日期(在前面补0)
%H	2位数的小时(24小时表示法)(在前面补0)
%M	2位数的分钟(在前面补0)
%S	2位数的秒(在前面补0)
%f	6位数的微秒(在前面补0)

▬ 转换字符串和日期类型

格式化字符串和日期类型可以相互转换。使用datetime的strptime方法可以将字符串转换为日期类型。相反，日期类型到字符串的转换使用strftime方法。在参数中指定格式化字符串。

下面的代码将字符串2021/10/12 12:05:00转换为日期类型，并将结果输出为字符串2021-10-12 12:05:00。

■ recipe_194_01.py

```python
from datetime import datetime

# 将字符串转换为日期类型
dt = datetime.strptime("2021/10/12 12:05:00", "%Y/%m/%d %H:%M:%S")

# 将日期时间类型转换为字符串
datetime_str = dt.strftime("%Y-%m-%d %H:%M:%S")
print(datetime_str)
```

▼ 执行结果

```
2021-10-12 12:05:00
```

195 获取当前日期和时间

语法

方法	返回值
datetime.now()	生成并返回当前日期和时间的日期时间类型

■ 获取当前时间

使用datetime.now方法可以获取当前时间。以下代码将当前时间转换为%Y-%m-%d %H:%M:%S格式并输出。

■ recipe_195_01.py

```python
from datetime import datetime

# 获取当前时间
dt = datetime.now()

# 将日期时间类型转换为字符串
datetime_str = dt.strftime("%Y-%m-%d %H:%M:%S")
print(datetime_str)
```

▼ 执行结果

```
2021-07-30 23:15:20
```

※每次运行，结果都会改变。

196 处理日期

> **语法**

- 生成date类型

语法	意义
date(year, month, day)	生成参数中指定年、月、日的date类型

- date类型的属性

属性	意义
year	年
month	月
day	日

■ 生成日期

如果要生成date类型，则在date函数的参数中指定年、月、日。生成的date类型可以通过指定属性来引用日期。以下代码生成date类型（2021年10月12日）并获取每个date类型的值。

■ recipe_196_01.py

```
from datetime import date
d = date(2021, 10, 12)
print(d.year)
print(d.month)
print(d.day)
```

▼ 执行结果

```
2021
10
12
```

197 转换字符串和日期

语法

- 将字符串转换为date类型

语法	意义
`datetime.strptime("日期字符串", "格式化字符串").date()`	从字符串生成datetime类型，并将其转换为date类型

- 将date类型转换为字符串

方法	返回值
`date类型变量.strftime("格式化字符串")`	将date类型变量转换为字符串并返回

转换字符串和date类型

如果将字符串转换为date类型，则必须先生成一个datetime对象，然后将其转换为date类型，因为date类型没有datetime类型中的strptime方法。另外，如果要将date类型转换为字符串，则使用strftime方法，就像使用datetime类型一样。在参数中指定格式化字符串。

以下代码将字符串2021/10/12转换为date类型，并将其输出为字符串2021-10-12。

■ recipe_197_01.py

```python
from datetime import date, datetime

# 将字符串转换为datetime或date类型
d = datetime.strptime("2021/10/12",
"%Y/%m/%d").date()

# 将date类型转换为字符串
date_str = d.strftime("%Y-%m-%d")
print(date_str)
```

▼ 执行结果

```
2021-10-12
```

198 获取当前日期

语法

方法	返回值
`date.today()`	生成并返回当前date类型

■ 生成当前日期

today方法提供当前date类型。下面的代码生成当前日期类型，并以%Y-%m-%d格式进行输出。

■ recipe_198_01.py

```python
from datetime import datetime, date
d = date.today()
d_str = d.strftime("%Y-%m-%d")
print(d_str)
```

▼ 执行结果

```
2021-07-30
```

※每次运行，结果都会改变。

199 计算日期和时间

语法

- 生成timedelta类型

语法	意义
`timedelta(days=0, seconds=0, microseconds=0, milliseconds=0, minutes=0, hours=0, weeks=0)`	生成对自变量指定时间的datetime类型、date类型进行运算的timedelta类型

使用timedelta函数计算日期和时间

可以通过在timedelta函数的参数中指定要增加或减少的天数来计算日期。首先，生成timedelta类型；然后，对要计算的日期时间和日期类型进行运算。以下代码分别计算date类型和datetime类型的100天后的日期，并进行输出。

■ recipe_199_01.py

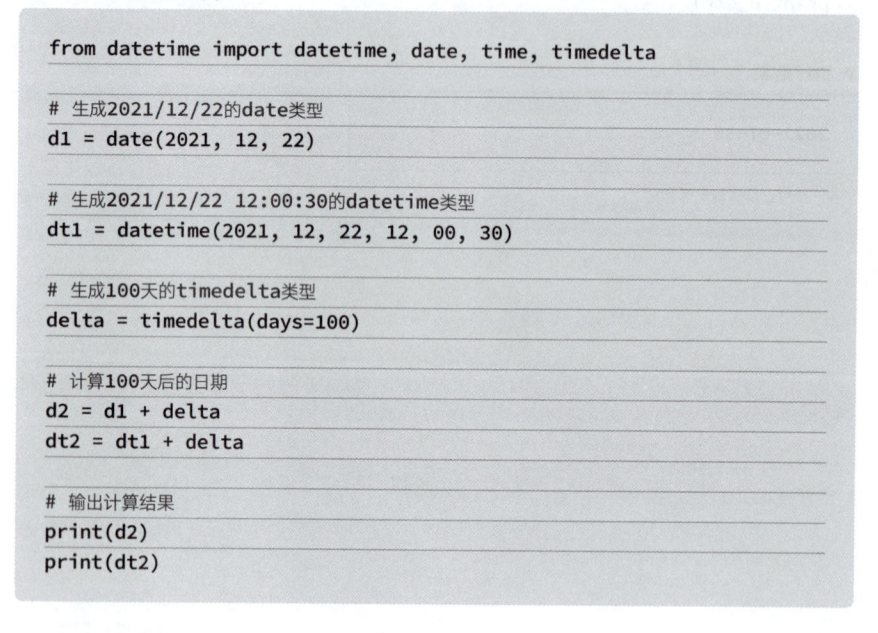

```python
from datetime import datetime, date, time, timedelta

# 生成2021/12/22的date类型
d1 = date(2021, 12, 22)

# 生成2021/12/22 12:00:30的datetime类型
dt1 = datetime(2021, 12, 22, 12, 00, 30)

# 生成100天的timedelta类型
delta = timedelta(days=100)

# 计算100天后的日期
d2 = d1 + delta
dt2 = dt1 + delta

# 输出计算结果
print(d2)
print(dt2)
```

▼ 执行结果

```
2022-04-01
2022-04-01 12:00:30
```

另外,用负数运算可以得到追溯的日期和时间。实际上,如果将上述代码的日期计算部分按如下所示修改,则可以得到一个提前100天的日期。

■ recipe_199_02.py

```
d2 = d1 - delta
dt2 = dt1 - delta
```

▼ 执行结果

```
2021-09-13
2021-09-13 12:00:30
```

200 处理时间

> **语法**

- 生成time类型

语法	意义
`datetime.time(hour=0, minute=0, second=0, microsecond=0)`	生成用参数指定时、分、秒、微秒的time类型

- time类型的属性

属性	意义
hour	时
minute	分
second	秒
microsecond	微秒

■ 生成时间

如果要生成time类型,则在参数中指定时、分和秒。还可以访问生成的time类型的时、分、秒。以下代码生成12:15:05的time类型,以获取时、分、秒。

■ recipe_200_01.py

```
from datetime import time
t = time(12, 15, 5)
print(t.hour)
print(t.minute)
print(t.second)
```

▼ 执行结果

```
12
15
5
```

201 转换字符串和时间

> **语法**

- 将字符串转换为time类型

语法	意义
`datetime.strptime("日期字符串", "格式化字符串").time()`	从字符串生成日期时间并将其转换为time类型

- 将time类型变量转换为字符串

方法	返回值
`time类型变量.strftime("格式化字符串")`	将time类型变量转换为字符串并返回

■ 将字符串转换为time类型

由于从字符串到time类型的转换没有等效于datetime的strptime方法，因此必须先生成一个datetime对象，然后再将其转换为time类型。而从time类型到字符串的转换使用strftime方法。在参数中指定格式化字符串。

下面的代码将字符串12:15:05转换为time类型，然后转换为字符串12.15.05并输出。

■ recipe_201_01.py

```python
from datetime import time, datetime
t = datetime.strptime("12:15:05", "%H:%M:%S").time()
time_str = t.strftime("%H.%M.%S")
print(time_str)
```

▼ 执行结果

```
12.15.05
```

202 判断是否为月末日期

语法

函数	返回值
`calendar.monthrange(year,month)`	返回月初日和月末日的元组

■ 月末日期的判断

业务处理中最困难的就是日期处理中的月末判定。虽然月末的日期因月份和闰年等原因而异，但标准库中的calendar模块允许元组获得指定月份的第1个星期一的日期和月末日期。以下代码取自2020年2月末。

■ recipe_202_01.py

```
import calendar

start_wd, end_day = calendar.monthrange(2020, 2)
print(start_wd, end_day)
```

▼ 执行结果

```
5 29
```

专栏 不使用calendar的方法

不使用calendar的方法有"第2天是1日的话就是月末"这样的理念。作为一种知识来了解可能会有所帮助。

```
from datetime import date, timedelta
d = date(2020, 2, 29)
delta = timedelta(days=1)
if (d + delta).day  == 1:
    print("月末")
```

203 判断是否为闰年

> **语法**

函数	返回值
`calendar.isleap(year)`	如果指定的年份是闰年，则为True；否则为False

■ 闰年的判断

使用calendar模块中的isleap函数可以判断是否为闰年。下面的代码判断当前年份是否为闰年。

■ recipe_203_01.py

```python
import calendar
from datetime import datetime
now_dt = datetime.now()
result = calendar.isleap(now_dt.year)
print(result)
```

以上代码的运行结果随时间的变化而变化，但如果在闰年运行，则输出为True；否则输出为False。

数据格式

第14章

204 导入CSV文件

> 语法

- 导入csv模块

```
import csv
```

- 解析CSV文件

函数	处理和返回值
csv.reader(f)	解析指定的CSV文件,并返回包含列元素的列表的逐行迭代器

※f表示文件对象。

■ csv模块

Python提供了一个csv模块,用于在标准库中导入和解析CSV文件。通过将文件对象指定为csv.reader的参数,可以获得包含reader列元素的列表的逐行迭代器。在处理CSV文件时,需要在打开时指定newline='',因为某些处理程序可能会添加不必要的换行符。

以下代码读取sample.csv文件,并逐行输出列表。

■ recipe_204_01.py

```
import csv
with open('sample.csv', newline='') as f:
    reader = csv.reader(f)
    for row in reader:
        print(row)
```

- sample.csv

```
col1, col2, col3
100, hoge100, fuga100
200, hoge200, fuga200
300, hoge300, fuga300
```

204

导入CSV文件

▼ 执行结果

```
['col1', 'col2', 'col3']
['100', 'hoge100', 'fuga100']
['200', 'hoge200', 'fuga200']
['300', 'hoge300', 'fuga300']
```

▬ 跳过标题

如果需要跳过第1行，则可以在处理for语句之前先提取第1行。

```
import csv
with open('sample.csv', newline='') as f:
    reader = csv.reader(f)
    header = next(reader)
    for row in reader:
        print(row)
```

▬ pandas

csv模块不需要安装外部库，就可以轻松处理CSV文件，但功能有限。如果要按列处理或指定分隔符，建议使用pandas。有关详细信息，请参见"274 使用pandas导入和导出CSV文件"。

205 写入CSV文件

> **语法**

- 导入csv模块

```
import csv
```

- 导出为CSV文件

函数	返回值
csv.writer(f, lineterminator='换行符')	允许以CSV格式写入列表内容的writer对象

※f表示文件对象。

使用函数写入CSV文件

csv模块可以将列表以CSV格式逐行写入文件。通过在csv.writer的参数中指定文件对象和换行符，可以得到writer对象，该对象允许以CSV格式写入列表内容。此外，在处理CSV文件时，应在打开时指定newline=''，其原因与导入时相同。在以下代码中，双重列表在for语句中输出CSV文件。

■ recipe_205_01.py

```python
import csv
sample_list = [["col1", "col2", "col3"], [101, 102, 103], [201, 202, 203], [301, 302, 303]]
with open('sample2.csv', 'w', newline='') as f:
    writer = csv.writer(f, lineterminator='\n')
    for row in sample_list:
        writer.writerow(row)
```

运行时，列表内容的CSV文件将以名称sample2.csv输出。

205 写入CSV文件

▼ 执行结果

```
col1,col2,col3
101,102,103
201,202,203
301,302,303
```

206 解析JSON字符串

> **语法**

- 导入json模块

```
import json
```

- 将JSON字符串转换为字典

函数	返回值
json.loads(JSON字符串)	包含解析JSON字符串结果的字典

▬ 将JSON字符串转换为字典

虽然JSON字符串近年来在数据通信中的使用越来越多,但Python允许将JSON字符串转换为字典并使用标准json模块进行处理。在loads函数的参数中指定JSON字符串。下面的代码将JSON字符串转换为字典,并使用键检索值。

■ recipe_206_01.py

```python
import json

json_text = """
{
  "colors": [ "red", "green", "blue" ],
  "items": [ 123, 456, 789 ],
  "users": [
    { "name": "铃木", "id": 1 },
    { "name": "佐藤", "id": 5 }
  ]
}
"""
data_dict = json.loads(json_text)
# 显示整个结果字典
print(data_dict)

# 使用colors键获取第0个颜色值
print(data_dict["colors"][0])
```

206

解析JSON字符串

```
# 使用users键获取第0个id
print(data_dict["users"][0]["id"])
```

▼ 执行结果

```
{'colors': ['red', 'green', 'blue'], 'items': [123, 456, 789],
 'users': [{'name': '铃木', 'id': 1}, {'name': '佐藤', 'id': 5}]}
red
1
```

207 将字典转换为JSON字符串

语法

- 导入json模块

```
import json
```

- 将字典转换为JSON字符串

函数

```
json.dumps(dict类型变量, indent=缩进数, ensure_ascii=False)
```

返回值

将指定字典转换为JSON字符串

使用函数将字典转换为JSON字符串

标准库中的json模块不仅可以解析JSON字符串,而且可以将JSON字符串转换为包含与JSON相对应的变量类型的字典。将字典指定为dumps函数的参数。参数indent用于指定缩进数以提高可读性。此外,默认情况下,Unicode表示转义字符串(如日语),而ensure_ascii=False则以原样输出。

下面的代码将dict类型的变量转换为JSON字符串(两个缩进,没有Unicode转义),并进行输出。

■ recipe_207_01.py

```python
import json

data_dict = {'colors': ['red', 'green', 'blue'],
             'items': [123, 456, 789],
             'users': [{'name': '铃木', 'id': 1},
                       {'name': '佐藤', 'id': 5}]}
json_str = json.dumps(data_dict, indent=2, ensure_ascii=False)
print(json_str)
```

207

将字典转换为JSON字符串

▼ 执行结果

```
{
  "colors": [
    "red",
    "green",
    "blue"
  ],
  "items": [
    123,
    456,
    789
  ],
  "users": [
    {
      "name": "铃木",
      "id": 1
    },
    {
      "name": "佐藤",
      "id": 5
    }
  ]
}
```

208 编码为base64

> **语法**

- 导入base64模块

```
import base64
```

- 将二进制转换为base64

函数	返回值
base64.b64encode(bytes类型)	将指定的bytes类型编码为base64的bytes类型

■ base64简介

base64是一种将二进制数据转换为文本的规范，用于对图像等进行文本化。图像、密钥、加密数据和数字签名是二进制的，但base64提供了一个简单的ASCII字符串，因此可以从电子邮件或HTML文本表单中发送它们［更具体地说，它使用62个字符（A~Z、a~z和0~9）和64个字符（"+"和"/"），并使用"="填充以匹配特定的字符数］。此外，最近越来越多的服务使用base64来处理图像，以减少浏览器的通信次数。

■ 使用base64编码二进制数据

在Python的标准库中有一个base64模块。下面的代码将图像文件的二进制数据转换为base64。b64encode函数的返回值类型为bytes，并且采用ASCII编码（如上所述），因此可以将其解码为字符串。

■ recipe_208_01.py

```
import base64

with open("python-powered-h-50x65.png", 'br') as f:
    bin_img = f.read()
    b64_img = base64.b64encode(bin_img).decode()
    print(b64_img)
```

208

编码为base64

▼ 执行结果

```
iVBORw0KGgoAAAANSUhEUg...
```

- 使用画像

209 解码base64

> **语法**
>
> - base64将字符串转换为二进制
>
> | 函数 | 返回值 |
> | --- | --- |
> | `base64.b64decode(base64数据)` | 以解码的bytes类型返回base64编码的bytes类型 |

■ 从base64解码

使用base64.b64decode可以从base64解码。参数是baes64字符串的bytes类型编码。下面的代码将208节中转换的base64字符串再次转换为图像文件并保存。

■ recipe_209_01.py

```
import base64
base64_txt = """iVBORw0KGgoAAAANSUhEUgAAADIAAABBCAYAAAC...
中间省略
"""

img = base64.b64decode(base64_txt.encode())
with open("python-logo2.png", 'bw') as f:
    f.write(img)
```

将从字符串转换的图像文件另存为python-logo2.png。

210 生成UUID

语法

- 导入uuid模块

```
import uuid
```

- 生成每个版本的UUID的函数

函数	返回值
`uuid.uuid1()`	生成UUID版本1并以字符串形式返回
`uuid.uuid4()`	生成UUID版本4并以字符串形式返回
`uuid.uuid3(命名空间类型, "域名等")`	生成UUID版本3并以字符串形式返回
`uuid.uuid5(命名空间类型, "域名等")`	生成UUID版本5并以字符串形式返回

- 命名空间类型

常量	意义
`uuid.NAMESPACE_DNS`	FQDN
`uuid.NAMESPACE_URL`	URL
`uuid.NAMESPACE_OID`	ISO OID
`uuid.NAMESPACE_X500`	X.500 DN DER或文本输出格式

■ 使用函数生成UUID

UUID（用户ID）最近经常用于分布式系统上的密钥，但Python在标准库中提供了uuid模块。对于每个版本的UUID，都有一个名为uuidX的函数（其中X是版本号），可以使用这些函数生成。

UUID版本1、版本4

对于UUID版本1和版本4，分别使用uuid1函数和uuid4函数。

■ recipe_210_01.py

```
import uuid
u1 = uuid.uuid1()
print(u1)
u4 = uuid.uuid4()
print(u4)
```

▼ 执行结果

```
0e8e5096-9721-11ea-bea2-7085c27a9d40
836ed5b7-5974-421d-bc2b-266c2016edd2
```

※每次运行，结果都会改变。

UUID版本3和版本5

对于UUID版本3和版本5，第1个参数应包含唯一字符串，如命名空间类型和域名。

■ recipe_210_02.py

```
import uuid
u3 = uuid.uuid3(uuid.NAMESPACE_DNS, "example.com")
print(str(u3))
u5 = uuid.uuid5(uuid.NAMESPACE_DNS, "example.com")
print(str(u5))
```

▼ 执行结果

```
9073926b-929f-31c2-abc9-fad77ae3e8eb
cfbff0d1-9375-5685-968c-48ce8b15ae17
```

211 URL编码

> **语法**

- 导入parse

```
from urllib import parse
```

- URL编码

函数	返回值
parse.quote(str类型变量)	返回指定字符串的URL编码字符串

■ 使用函数进行URL编码

多字节字符串（如日语）不能用于URL，但可以通过URL编码将其用作路径和参数。有时称为百分比编码。对于Python，使用标准库的urllib模块parse。下面的代码将日文字符串编码为可用于URL的字符串。

■ recipe_211_01.py

```python
from urllib import parse
text = "みかん"
url_encoded = parse.quote(text)
print(url_encoded)
```

▼ 执行结果

```
%E3%81%BF%E3%81%8B%E3%82%93
```

212 URL解码

语法

- URL解码

函数	返回值
`parse.unquote(URL编码字符串)`	返回解码后的URL编码字符串

■ URL编码的解码

要解码URL编码字符串,可以使用urllib.parse中的unquote函数。下面的代码解码URL编码字符串。

■ recipe_212_01.py

```
from urllib import parse
text = parse.unquote("%E3%81%BF%E3%81%8B%E3%82%93")
print(text)
```

▼ 执行结果

```
みかん
```

213 解析URL

> **语法**

- 导入parse

```
from urllib import parse
```

- URL解析

函数	返回值
parse.urlparse(URL字符串)	解析URL并返回ParseResult对象

- ParseResult对象属性

属性	意义
scheme	URL方案
netloc	网络位置
path	分层路径
query	查询元素

使用函数解析URL

可以使用urllib.parse模块的urlparse函数解析URL。返回值可以是类型为ParseResult的对象，并且可以通过点号访问属性。下面的代码用于解析在Python官网上搜索"变量"时的URL。

■ recipe_213_01.py

```python
from urllib import parse
url = "https://docs.python.org/ja/3/search.html?q=%E5%A4%89%E6%95%B0&check_keywords=yes&area=default"
p = parse.urlparse(url)
print(p)
print(p.scheme)
print(p.netloc)
print(p.path)
print(p.query)
```

▼ 执行结果

```
ParseResult(scheme='https', netloc='docs.python.org', path='/ja/3/
search.html', params='', query='q=%E5%A4%89%E6%95%B0&check_
keywords=yes&area=default', fragment='')

https
docs.python.org
/ja/3/search.html
q=%E5%A4%89%E6%95%B0&check_keywords=yes&area=default
```

214 解析URL查询参数

语法

- 解析URL查询参数

函数	返回值
`parse.parse_qs(URL查询参数字符串)`	返回URL查询参数的透视结果字典

使用函数解析URL查询参数

使用urllib.parse模块中的parse_qs函数可以解析URL查询参数。返回一个以参数名为键，以值列表为值的字典。下面的代码用于解析在Python官网上搜索"变量"时的URL查询参数。

■ recipe_214_01.py

```python
from urllib import parse
url = "q=%E5%A4%89%E6%95%B0&check_keywords=yes&area=default"
q = parse.parse_qs(url)
print(q)
```

▼ 执行结果

```
{'q': ['变量'], 'check_keywords': ['yes'], 'area': ['default']}
```

如以上示例所示，URL编码字符串将自动解码。

215 编码为Unicode转义字符串

> **语法**

函数	返回值
`ascii(str类型变量)`	Unicode转义字符串

■ Unicode转义

如果要将Unicode转义为ASCII字符串（如日语），则使用内置函数ascii。下面的代码对字符串进行Unicode转义并输出。

■ recipe_215_01.py

```
u_text = ascii("みかん")
print(u_text)
```

▼ 执行结果

```
'\u307f\u304b\u3093'
```

216 解码Unicode转义字符串

语法

- 导入codecs

```
import codecs
```

- 解码

函数	返回值
codecs.decode(Unicode转义字符串.encode())	返回由参数中指定的Unicode转义字符串解码而成的字符串

▅ Unicode转义字符串解码

要解码Unicode转义字符串,可以使用标准库的codecs模块中的decode函数。使用encode方法对Unicode转义字符串进行字节转换,并将其指定为参数。

■ recipe_216_01.py

```
import codecs

u_text = "\u307f\u304b\u3093"
text = codecs.decode(u_text.encode())
print(text)
```

▼ 执行结果

```
みかん
```

217 生成散列值

语法

- **导入 hashlib**

```
import hashlib
```

- **生成散列值**

函数	返回值
hashlib.sha1(字节字符串)	sha1散列对象
hashlib.sha256(字节字符串)	sha256散列对象
hashlib.md5(字节字符串)	md5散列对象

- **散列对象方法**

方法	返回值
digest	散列值的二进制字符串
hexdigest	散列值的十六进制字符串

■ 使用函数生成散列值

可以使用标准库的hashlib模块中的函数来生成各种类型的哈希值。如果将字节字符串指定为散列类型函数的参数，则会得到一个包含散列值的对象，称为散列对象。

生成sha256

以下代码为字符串abcdefg生成sha256，并以十六进制格式输出。

■ recipe_217_01.py

```python
import hashlib

key = "abcdefg"
sha256 = hashlib.sha256(key.encode())
.hexdigest()
print(sha256)
```

▼ 执行结果

```
7d1a54127b222502f5b79b
5fb0803061152a44f92b37
e23c6527baf665d4da9a
```

351

218 解压缩ZIP文件

语法

- 导入zipfile

```
import zipfile
```

- 解压缩ZIP文件

```
with zipfile.ZipFile(ZIP文件路径 'r') as zf:
    zf.extractall(目标路径)
```

zipfile模块

可以使用标准库中的zipfile模块处理ZIP文件。展开时,需要在zipfile.ZipFile中打开文件,然后使用extractall方法展开所有文件。下面的代码直接将sample.zip文件展开到.\output\下,该文件位于当前目录下。

■ recipe_218_01.py

```python
import zipfile
with zipfile.ZipFile('sample.zip', 'r') as zf:
    zf.extractall(r'.\output')
```

如果想知道压缩文件中的内容,也可以使用extract方法仅解压缩特定的文件。第1个参数指定要解压缩的文件;第2个参数指定解压缩到的位置。

■ recipe_218_02.py

```python
import zipfile
with zipfile.ZipFile('sample.zip', 'r') as zf:
    zf.extract('tmp.txt', r'.\output')
```

在不展开的情况下检查内容

打开模式为r,可以使用namelist方法浏览文件列表。

- recipe_218_03.py

```
import zipfile
with zipfile.ZipFile('sample.zip', 'r') as zf:
    print(zf.namelist())
```

解压缩带密码的ZIP文件

在extractall和extract中，可以通过在pwd参数中指定密码来解压缩带密码的zipfile。密码以字节字符串指定，如下例所示。

- recipe_218_04.py

```
import zipfile
with zipfile.ZipFile('sample.zip', 'r') as zf:
    zf.extractall(r'.\output', pwd=b'密码')
```

加密zipfile的解压缩速度较慢，因为它是用Python编写的，而不是用C语言编写的。如果处理太多，则需要注意性能。

219 将文件压缩为ZIP格式

> **语法**
>
> ```
> with zipfile.ZipFile('sample.zip', 'w') as zf:
>     zf.write(要添加的文件路径)
> ```

■ ZIP压缩

与部署时一样,使用zipfile模块进行压缩。

压缩单个文件

如果要压缩单个文件,则在zipfile.ZipFile中指定压缩文件名,然后在zf.write中指定要压缩的文件。下面的示例代码将位于当前目录下的3个文本文件(tmp1.txt、tmp2.txt和tmp3.txt)压缩为名为sample.zip的文件。

■ recipe_219_01.py

```
import zipfile
with zipfile.ZipFile('sample.zip', 'w') as zf:
    zf.write('tmp1.txt')
    zf.write('tmp2.txt')
    zf.write('tmp3.txt')
```

■ 将文件添加到现有ZIP文件

也可以在"附加"模式下打开zipfile.ZipFile,以便将文件添加到压缩的ZIP中。在下面的示例代码中,将tmp4.txt文件添加到上述代码压缩的文件中。

■ recipe_219_02.py

```
import zipfile
with zipfile.ZipFile('sample.zip', 'a')as zf:
    zf.write('tmp4.txt')
```

220 解压缩tar文件

> **语法**

- 导入tarfile模块

```
import tarfile
```

- 展开tar文件

```
with tarfile.open(name=文件路径, mode='模式') as tar:
    tar.extractall("展开到")
```

- 模式

字符串	意义
r	导入
r:gz	读取gzip格式
r:bz2	读取bzip格式
r:xz	读取lzma格式

tarfile模块

要解压缩tar文件,需使用标准库tarfile。在UNIX系统中,tar命令通常用于提供归档功能,但tarfile模块也支持压缩。使用模式打开文件,然后调用相应的处理方法。

使用extractall方法解压缩tar文件

可以通过在tarfile.open中打开文件并执行extractall方法来解压缩tar文件,还支持tar.gz、tar.bz2和tar.xz格式。下面的代码解压缩位于当前目录下的sample.tar.gz文件。

- recipe_220_01.py

```
import tarfile
with tarfile.open('sample.tar.gz', 'r') as tar:
    tar.extractall(r'.\output')
```

221 以tar格式存档

语法

```
with tarfile.open(name=文件路径, mode='模式') as tar:
    tar.add("文件 or 目录路径")
```

- 模式

字符串	意义
w	写入（仅存档）
w:gz	以gzip格式写入
w:bz2	以bzip格式写入
w:xz	以lzma格式写入

■ 使用add方法将文件、目录添加到tar

如果要以tar格式存档，则在tarfile.open中打开一个新文件（使用写入模式），然后使用add方法将该文件添加到存档文件中以创建tar文件。可以在tarfile.open中指定压缩格式，还可以指定目录，而不是指定zipfile模块。

下面的代码以tar.gz格式压缩位于当前目录下的两个文本文件tmp1.txt和tmp2.txt。

■ recipe_221_01.py

```python
import tarfile
with tarfile.open("sample.tar.gz", "w:gz") as tar:
    tar.add("tmp1.txt")
    tar.add("tmp2.txt")
```

222 以ZIP或tar格式按目录压缩

> **语法**

- 导入shutil

```
import shutil
```

- 压缩过程（按指定目录压缩）

```
shutil.make_archive(压缩文件名，压缩形式，root_dir=目标目录)
```

- 压缩形式

字符串	压缩归档格式
zip	ZIP
tar	tar
gztar	用gzip压缩tar（tar.gz）
bztar	用bzip2压缩tar（tar.bz2）
xztar	用xz压缩tar（tar.xz）

■ 按目录压缩

使用标准库中的os模块，可以在目录下构建路径树，这样就可以通过将文件压缩到每个文件的压缩代码中来实现每个目录的压缩，但由于标准库中的shutil（提供文件操作功能的模块）提供了类似的操作作为make_archive函数，因此更容易使用。

其中，第1个参数指定要创建的文件名，但省略扩展名；第2个参数将存档格式指定为zip，还可以指定tar。也可以选择指定关键字参数root_dir和base_dir。root_dir 用于指定存档文件的根目录；如果省略，则指定当前目录。下面的代码以ZIP格式压缩位于当前目录下的data_dir目录。

■ recipe_222_01.py

```
import shutil
shutil.make_archive('dir_sample', 'zip', root_dir='data_dir')
```

关系数据库

第15章

223 连接SQLite 3

语法

- 导入sqlite3模块

```
import sqlite3
```

- 连接SQLite 3

```
with sqlite3.connect('db文件路径') as conn:
    # SQL执行处理等
```

sqlite3模块

与关系数据库（如MySQL或PostgreSQL）相比，SQLite 3的功能有限，但其特点是易于使用和速度快，可用于分析大量数据。Python为SQLite 3提供了标准库sqlite3模块。

连接和关闭

可以使用sqlite3.connect函数生成对指定SQLite 3 db文件的连接。通常使用上下文管理器来获取连接对象。

例如，如果要导入sqlite3模块并创建对sample.db文件的连接，则编写以下内容。如果文件不存在，则会自动创建。下面将介绍具体的SQL执行方法。

```
import sqlite3
with sqlite3.connect('sample.db') as conn:
    # SQL执行处理等
```

如果需要在任何时间关闭而不使用上下文，则编写以下代码。

223

连接SQLite 3

```python
import sqlite3

# 连接
conn = sqlite3.connect('db文件路径')

# 关闭
conn.close()
```

在内存中使用

使用特殊名称":memory:"作为db文件路径,可以在内存中运行,而无须访问磁盘。

```python
with sqlite3.connect(':memory:') as conn:
```

224 在SQLite 3中执行SQL语句

> **语法**

方法	处理
`conn.cursor()`	返回游标对象
`cur.execute("SQL语句")`	执行指定的SQL语句
`conn.commit()`	提交发布

※conn表示连接对象;cur表示游标对象。

▬ 运行SQL

从连接获取游标,然后使用execute方法执行SQL语句。也可以执行DDL语句,如CREATE语句。SELECT语句的结果获取将在下一节中介绍。也可以使用commit方法进行提交。

▬ 创建表和插入数据示例

在下面的代码中创建了一个数据库,该数据库在当前目录中存储一个名为example.db的博客文章,并执行以下操作。

- 执行CREATE语句创建articles表。
- 执行INSERT语句并在articles表中插入3条记录。

第3条INSERT语句,在SQL语句的第1个参数中用"?"代表字段并在第2个参数中指定元组。

■ recipe_224_01.py

```python
import sqlite3

# 连接到example.db(如果没有,则创建)
with sqlite3.connect('example.db') as conn:

    # 检索游标
    cur = conn.cursor()
```

在SQLite 3中执行SQL语句

```python
# 创建表
cur.execute('CREATE TABLE articles  (id int, title varchar(1024), body text, created datetime)')

# 执行INSERT语句
cur.execute("INSERT INTO articles VALUES (1,'今天的早饭','我吃了鱼','2020-02-01 00:00:00')")
cur.execute("INSERT INTO articles VALUES (2,'今天的午饭','我吃了咖喱','2020-02-02 00:00:00')")
cur.execute("INSERT INTO articles VALUES (?, ?, ?, ?)", (3,'今天的晚饭','晚餐是汉堡牛肉饼','2020-02-03 00:00:00'))
# 提交
conn.commit()
```

225 在SQLite 3中获取SELECT结果

语法

方法	返回值
cur.fetchall()	所有结果元组的列表
cur.fetchone()	第1个结果元组

※cur表示游标对象。

■ 如何以元组形式检索SELECT结果

获取游标后,可以使用execute方法执行SELECT语句。从游标检索结果的方式大致有以下3种。

- 将光标视为迭代器(iterator)。
- 使用fetchall获取结果列表。
- 使用fetchone一次获取一条记录。

上述结果记录均采用元组格式。下面的代码对example.db中包含3条记录的article表执行SELECT语句,并输出结果。

■ recipe_225_01.py

```python
import sqlite3

# 连接到数据库
with sqlite3.connect('example.db') as conn:

    # 检索游标
    cur = conn.cursor()

    # 1. 将光标视为迭代器 (iterator)
    print("-------------------- 1 --------------------")
    cur.execute('select * from articles')
    for row in cur:
        # 可以在row对象中获取数据。获取元组类型的结果
        print(row)
        # 如果要检索特定列,则必须指定索引,因为它是元组类型
```

363

225 在SQLite 3中获取SELECT结果

```
        print(row[0])

    # 2. 使用fetchall获取结果列表
    print("-------------------- 2 --------------------")
    cur.execute('select * from articles')
    for row in cur.fetchall():
        print(row)

    # 3. 使用fetchone一次获取一条记录
    print("-------------------- 3 --------------------")
    cur.execute('select * from articles')
    print(cur.fetchone())  # 获取第1条记录
    print(cur.fetchone())  # 获取第2条记录
```

▼ 执行结果

```
(1, '今天的早饭', '我吃了鱼', '2020-02-01 00:00:00')
1
(2, '今天的午饭', '我吃了咖喱', '2020-02-02 00:00:00')
2
(3, '今天的晚饭', '晚餐是汉堡牛肉饼', '2020-02-03 00:00:00')
3
-------------------- 2 --------------------
(1, '今天的早饭', '我吃了鱼', '2020-02-01 00:00:00')
(2, '今天的午饭', '我吃了咖喱', '2020-02-02 00:00:00')
(3, '今天的晚饭', '晚餐是汉堡牛肉饼', '2020-02-03 00:00:00')
-------------------- 3 --------------------
(1, '今天的早饭', '我吃了鱼', '2020-02-01 00:00:00')
(2, '今天的午饭', '我吃了咖喱', '2020-02-02 00:00:00')
```

226 在SQLite 3中通过指定列获取SELECT结果

语法

语法	意义
`conn.row_factory = sqlite3.Row`	将SELECT结果设置为以sqlite3.Row对象格式存储

※conn表示连接对象。

■ 以sqlite3.Row格式访问

如上一节中的代码所示,默认情况下,SELECT结果以元组形式进行操作。在这种情况下,建议使用sqlite3.Row对象格式,因为它对添加列等更改比较敏感。重写连接的row_factory将启用sqlite3.Row对象格式。与字典一样,可以将列名作为键检索。

以下代码修改了上一节代码的一部分。SELECT结果采用sqlite3.Row格式,并且只输出id列。

■ recipe_226_01.py

```python
import sqlite3

with sqlite3.connect('example.db') as conn:
    conn.row_factory = sqlite3.Row
    # 检索游标
    cur = conn.cursor()

    # 1. 将光标视为迭代器(iterator)
    print("-------------------- 1 --------------------")
    cur.execute('select * from articles')
    for row in cur:
        # 可以在row对象中获取数据。获取元组类型的结果
        print(row["id"])

    # 2. 使用fetchall获取结果列表
    print("-------------------- 2 --------------------")
```

226

在SQLite 3中通过指定列获取SELECT结果

```
cur.execute('select * from articles')
for row in cur.fetchall():
    print(row["id"])

# 3. 使用fetchone一次获取一条记录
print("-------------------- 3 --------------------")
cur.execute('select * from articles')
print(cur.fetchone()["id"])    # 获取第1条记录
print(cur.fetchone()["id"])    # 获取第2条记录
```

227 处理不同的数据库

语法

- 连接操作

方法	处理
connect()	连接
conn.commit()	提交
conn.close()	关闭
conn.rollback()	恢复
conn.cursor()	检索游标

- 游标操作

方法	处理
cur.execute(SQL语句、选项)	运行SQL
cur.close()	关闭
cur.fetchone()	提取一行
cur.fetchall()	获取游标

※conn表示连接对象；cur表示游标对象。

数据库操作通用规范

除了内置的sqlite3之外，Python还可以使用第三方驱动程序模块来处理各种数据库。数据库种类繁多，仅开源的就有sqlite3、MySQL、MariaDB和PostgreSQL。此外，与这些数据库相对应的驱动程序也有很多，但如果每个产品的代码编写方法不一致，则用户的学习、迁移和移植成本将很高。因此，Python有一个PEP 249(Python Database API Specification v2.0)，以实现数据库操作模块API规范的统一。因此，只需更换驱动程序模块，就可以以几乎相同的方式处理不同的数据库。请注意，此标准有时被写成DB-API 2.0。

227

处理不同的数据库

模块兼容性和版本

想要判断使用的数据库驱动程序模块是否符合PEP 249，除了查看官方文档外，还有一种方法是查看名为apilevel的模块变量。例如，如果检查名为mysqlclient的MySQL连接驱动程序模块，则输出以下代码。

■ recipe_227_01.py

```
import MySQLdb
print(MySQLdb.apilevel)
```

▼ 执行结果

```
'2.0'
```

2.0是指符合PEP 249。

228 使用MySQL

语法

- 安装mysqlclient

```
pip install mysqlclient
```

- 导入mysqlclient

```
import MySQLdb
```

- 连接

方法	处理和返回值
`MySQLdb.connect(参数)`	连接到由参数指定的MySQL服务器并返回连接对象

▶ 参数

参数	意义
`user`	用户
`passwd`	密码
`host`	主机
`db`	数据库
`port`	端口
`charset`	字符集

mysqlclient的安装

有几个模块用于连接MySQL，本书介绍了mysqlclient。虽然可以使用开头的pip进行安装，但由于依赖于C实现的客户端库，因此需要根据环境安装与MySQL相关的库。请参阅PyPI相关文档。

与PEP 249兼容，因此除了连接参数外，基本操作与sqlite3相同。

228

使用MySQL

■ 导入和连接

由于mysqlclient是从名为MySQLdb的模块派生而来的，因此在导入时将其描述为MySQLdb。连接指定主机、用户、密码等。

■ SQL执行示例

以下代码是连接到MySQL服务器、执行SELECT语句并输出结果的示例。使用%s作为SQL参数，并在execute的第2个参数中指定元组值。

■ recipe_228_01.py

```python
import MySQLdb

# 连接信息
con_info = {"user":"db user", "passwd":"db password",
"host":"localhost", "db":"sample", "charset":"utf8"}

# 连接
with MySQLdb.connect(**con_info) as con:

    # 检索游标
    with con.cursor() as cur:

        # 执行查询
        sql = "select id, body, post_code, created from posts where id > %s and post_code in %s"
        cur.execute(sql, (1, [1, 2, 3], ))

        # 获取所有结果
        rows = cur.fetchall()

        # 逐行显示
        for row in rows:
            print(row)
```

上面的示例连接在字典中提供了关键字参数，等效于以下内容。

```
with MySQLdb.connect(
        user='db user',
        passwd='db password',
        host='localhost',
        db='sample',
        charset="utf8") as con:
```

229 使用PostgreSQL

语法

- 安装psycopg2

```
pip install psycopg2
```

- 导入psycopg2

```
import psycopg2
```

方法	返回值
psycopg2.connect(连接参数)	在参数指定的PostgreSQL服务器上连接psycopg2.connect并返回连接对象

连接参数	意义	连接参数	意义
user	用户	dbname	数据库
password	密码	port	端口
host	主机		

- 客户端编码设置

```
con.set_client_encoding('字符集')
```

※con表示连接对象。

■ 安装psycopg2

虽然有几个模块用于连接PostgreSQL，但本文档将介绍psycopg2。可以使用开头的pip命令安装PostgreSQL，但某些处理程序可能需要先安装PostgreSQL的相关库。

因为符合PEP 249，所以除了连接时的参数以外，基本操作与sqlite3模块相同。

■ 导入和连接

连接指定主机、用户、密码等。

运行SQL

下面的代码连接到PostgreSQL服务器，执行SELECT语句并输出结果。使用%s作为SQL参数，并在execute的第2个参数中指定元组值。

```python
import psycopg2

# 连接信息
con_info = {"user":"db user", "password":"db password",
"host":"localhost", "dbname":"sample"}

# 连接
with psycopg2.connect(**con_info) as con:

    # 检索游标
    with con.cursor() as cur:

        # 执行查询
        sql = "select id, body, post_code, created from posts where id > %s and post_code in %s"
        cur.execute(sql, (1, (1, 2, 3), ))

        # 获取所有结果
        rows = cur.fetchall()

        # 逐行显示
        for row in rows:
            print(row)
```

以上示例中的连接在字典中提供了关键字参数，等效于以下内容。

```python
with psycopg2.connect(
        user='db user',
        password='db password',
        host='localhost',
        dbname='sample') as con:
```

HTTP请求

第16章

230 访问Web网站和REST API

> **语法**

- 安装Requests

```
pip install requests
```

- 导入Requests

```
import requests
```

■ HTTP请求和Requests

当Python请求HTTP时,虽然标准库也提供功能,但建议使用名为Requests的第三方库,因为它更容易使用。Requests为每个HTTP方法(如GET和POST)提供了一个函数,使用该函数可以轻松地设置请求头,如请求参数和用户代理。

下面介绍与代表性方法对应的Requests函数。

函　数	HTTP方法
get	GET
post	POST
put	PUT
head	HEAD
delete	DELETE
patch	PATCH

如果将上述函数的URL、参数或HTTP标头信息设置为参数,则会执行HTTP请求。例如,下面的代码向Python的官方网站首页发出GET请求,并输出结果的HTML。

```
import requests
r = requests.get("https://httpbin.org/get")
print(r.text)
```

230

访问Web网站和REST API

这些函数返回包含HTTP响应信息的对象。为了方便起见，本文档将其称为响应对象。在上述代码中，变量r是响应对象。响应对象包含状态代码、HTTP标头、正文和编码等，并且可以使用HTTP请求函数和响应对象执行REST API和剪切操作。

■ HTTP请求注意事项

向服务器（如公开的API或网站）发出大量HTTP请求会相应地增加目标Web服务器的负载。如果服务器响应速度较慢或出现故障，则可能会因业务中断而受到诉讼，因此应将请求间隔留出几秒。另外，根据请求的方式，可能会对所请求的服务器产生问题。例如，如果使用浏览器操作不可能发生的参数进行发送，则可能会损坏请求服务器管理的数据。这同样会被视为对网站的攻击（称为表单篡改攻击），可能会被投诉。避免过度频繁的请求和未经授权的请求，并避免给服务器带来麻烦。

专栏

httpbin.org

httpbin.org是一个用于检查HTTP请求的Web服务，它为HTTP方法提供了以下URL。此外，响应请求的JSON将作为响应返回。

路　径	HTTP方法
/delete	DELETE
/get	GET
/patch	PATCH
/post	POST
/put	PUT

下面将在以下示例代码中使用httpbin.org。

231 执行GET请求

语法

函数和参数	处理和返回值
`requests.get(URL, params=dict类型变量)`	设置字典内容的GET参数,向指定的URL发出GET请求并返回响应对象

GET请求

Requests可以在get函数中执行GET请求,还可以获得在返回值中存储响应的对象。下面的代码对相应URL执行GET请求,并输出结果。

■ recipe_231_01.py

```
import requests
r = requests.get("https://httpbin.org/get")
print(r.text)
```

附加参数

还可以通过指定关键字参数params来添加GET参数。下面的代码通过将GET参数附加到先前的请求来执行请求。

■ recipe_231_02.py

```
payload = {'param1': "python", 'param2': "recipe"}
r = requests.get("https://httpbin.org/get", params=payload)
print(r.text)
```

注意,上面的请求相当于对以下URL的GET请求。

```
https://httpbin.org/get?param1=python&param2=recipe
```

232 获取响应的各种信息

语法

属性	意义
r.status_code	状态码
r.text	文本形式的响应body
r.content	byte形式的响应body
r.encoding	编码
r.headers	响应标头

※r表示Requests响应对象。

■ 响应信息

Requests响应对象除了包含HTML等内容外，还包含状态代码和响应标头等。下面的代码向相应URL发出GET请求，并输出状态代码、编码和响应标头。

■ recipe_232_01.py

```python
import requests
r = requests.get("https://httpbin.org/get")

# 编码
print(r.encoding)

# 状态码
print(r.status_code)

# 响应标头
print(r.headers)
```

▼ 执行结果

```
None
200
{'Date': 'Sun, 23 Aug 2020 13:40:37 GMT', 'Content-Type': 'application/json', 'Content-Length': '308', 'Connection': 'keep-alive', 'Server': 'gunicorn/19.9.0', 'Access-Control-Allow-Origin': '*', 'Access-Control-Allow-Credentials': 'true'}
```

233 设置响应编码

语法

语法	意义
r.encoding = r.apparent_encoding	在编码中设置自动判定结果
r.encoding = '编码'	手动设置编码

※r表示Requests响应对象。

■ Requests编码确定

Requests根据响应的HTTP标头确定编码。如果没有content-type或有但未设置charset，则设置ISO-8859-1（拉丁字母）。这可能会导致错误的编码，具体取决于服务器端的设置。响应对象具有用于确定编码的apparent_encoding属性。

然而，这个结果有时也不是很好，这种情况下需要手动设置。示例Requests编码如果要设置utf-8，则描述如下。

```
r.encoding = 'utf_8'
```

可指定的代表性编码请参见"167 转换bytes类型和字符串"。

234 执行POST请求

语法

函数和参数	处理和返回值
`requests.post(URL, data=dict类类型变量)`	在字典中设置参数,将POST请求发送到指定的URL并返回响应对象
`requests.post(URL, json=json字符串)`	设置JSON格式的参数,将POST请求发送到指定的URL并返回响应对象

▪ POST请求

Requests可以在post函数中执行POST请求。参数设置关键字参数data。与GET请求类似,可以获得一个响应对象,其中返回值包含HTTP响应信息。

右边的代码通过将参数key1和key2附加到相应URL来执行POST请求。

■ recipe_234_01.py

```
import requests
payload = {'key1': 'value1',
'key2': 'value2'}
url = "https://httpbin.org/post"
r = requests.post(url,
data=payload)
print(r.text)
```

▪ JSON的POST请求

正在执行POST请求。

■ recipe_234_02.py

```
import requests
import json

payload = {'key1': 'value1',
'key2': 'value2'}
url = "https://httpbin.org/post"
r = requests.post(url, json=json.dumps(payload))
print(r.text)
```

235 添加请求标头

语法

```
requests.get(URL, headers=字典)
```

※其他方法（如post方法和put方法）也是如此。

■ 设置请求标头

如果要添加请求标头，可以将其以字典格式附加到get函数的参数中。在以下示例中，get函数将用户代理设置为HTTP请求标头。

■ recipe_235_01.py

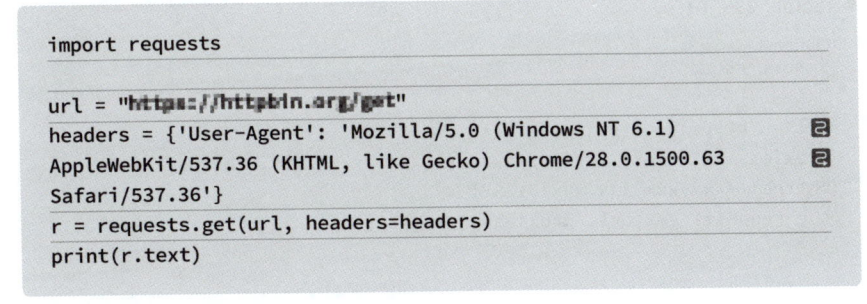

```
import requests

url = "https://httpbin.org/get"
headers = {'User-Agent': 'Mozilla/5.0 (Windows NT 6.1)
AppleWebKit/537.36 (KHTML, like Gecko) Chrome/28.0.1500.63
Safari/537.36'}
r = requests.get(url, headers=headers)
print(r.text)
```

跳过结果，但可以确保已设置请求标头。

236 通过代理服务器访问

语法

```
requests.get(URL, proxies=proxies)
```

※其他方法（如post方法和put方法）也是如此。

■ 通过代理服务器执行请求

requests也可以通过代理服务器（如squid）访问，并以字典的形式设置http和https的通信地址。主机和端口应以":"分隔。以下代码通过代理服务器（主机为xxx.xxx.xxx.xxx，端口为3128）执行请求。

■ recipe_236_01.py

```python
import requests

url = "https://httpbin.org/get"
proxies = {"http": "http://xxx.xxx.xxx.xxx:3128", "https": "https://xxx.xxx.xxx.xxx:3128"}
r = requests.get(url, proxies=proxies)
```

237 设置超时

语法

- 设置连接超时

```
requests.get(URL, timeout=超时)
```

※连接超时和读取超时。

- 设置连接超时和读取超时

```
requests.get(URL, timeout=(连接超时，读取超时))
```

※其他方法（如post方法和put方法）也是如此。

■ 超时

　　访问HTTP时需要考虑两种类型的超时。如果设置了连接超时，则当连接超过指定的时间，或者当读取时间超过下载内容的指定时间时，将发生异常并中断处理。

　　下面的代码将连接超时设置为3秒，将读取超时设置为30秒。

```
import requests

url = "https://httpbin.org/get"
requests.get(url, timeout=(3, 30))
```

HTML

第17章

238 解析HTML

> **语法**

- 安装BeautifulSoup 4

```
pip install beautifulsoup4
```

- 安装HTML解析器库

```
pip install lxml
pip install html5lib
```

- 导入BeautifulSoup

```
from bs4 import BeautifulSoup
```

- 解析HTML

语法	意义
soup = BeautifulSoup("HTML字符串", "解析器库名称")	获取使用指定HTML字符串在指定解析器库中解析的BeautifulSoup对象

▬ BeautifulSoup 4和解析器库

在Python中解析HTML时,通常使用BeautifulSoup 4。使用BeautifulSoup 4可以选择解析HTML时用的解析器库,但最常选择的解析器有以下两个。

▸ html5lib。
▸ lxml。

html5lib是一个HTML解析器,它符合WHATWG HTML规范,即使HTML不太完整,也会进行一些修改和补充,因此大多数HTML都可以在html5lib中进行解析。但是,由于它是在Python中实现的,因此速度较慢。lxml依赖于C语言库,因此处理速度更快,并且可以用于解析XML,但与html5lib相比,lxml可能无法解析不完整的HTML。

解析HTML

生成BeautifulSoup对象

导入HTML字符串生成BeautifulSoup对象后，CSS选择器或XPath可以检索特定的HTML节点。下面的代码从HTML字符串生成BeautifulSoup对象，以获取h1标记的内容。

■ recipe_238_01.py

```
from bs4 import BeautifulSoup
html = "<html><body><h1>chapter 1</h1><p>paragraph1</p><p>paragraph2</p></body></html>"
soup = BeautifulSoup(html, "html5lib")
h1 = soup.find("h1")
print(h1.text)
```

▼ 执行结果

```
chapter 1
```

239 通过指定条件获取标记

语法

方法	返回值
soup.find("标记")	返回指定标记的Tag对象
soup.find(属性=属性值)	返回标记与指定属性匹配的Tag对象
soup.find("标记"，属性=属性值)	返回与指定标记和属性匹配的标记的Tag对象

※soup表示BeautifulSoup对象或Tag对象。

■ 按条件检索标记

BeautifulSoup对象可以通过在find方法的参数中指定条件来检索HTML中的各种标记。其会返回一个称为Tag的对象作为参数，并将标记输出为字符串。还可以获取属性和标签中的文本，如下一节中所述。如果存在多个符合指定条件的标记，则返回第1个标记。

指定标记名

下面的代码检索HTML字符串中的h1标记。

■ recipe_239_01.py

```
from bs4 import BeautifulSoup
html = '<html><body><div id="content"><h1>chapter 1</h1><p
class="para1">paragraph1</p> <p class="para2">paragraph2</p>
</div></body></html>'
soup = BeautifulSoup(html, "html5lib")

h1 = soup.find("h1")
print(h1)
```

▼ 执行结果

```
<h1>chapter 1</h1>
```

239

通过指定条件获取标记

指定属性

关键字参数可以指定标记属性作为条件。下面的示例获取id为content的标记。

- recipe_239_02.py

```
content = soup.find(id="content")
print(content)
```

▼ 执行结果

```
<div id="content"><h1>chapter 1</h1><p class="para1">paragraph1
</p> <p class="para1">paragraph2</p><div></div></div>
```

指定CSS class时要小心。class是Python的保留字，因此需要下划线。

- recipe_239_03.py

```
para1 = soup.find("p", class_='para1')
print(para1)
```

▼ 执行结果

```
<p class="para1">paragraph1</p>
```

通过Tag对象沿层次链向下移动

与BeautifulSoup对象一样，Tag对象也可以使用find方法以链接方式跟踪标记。以下示例遵循<div id="内容">→<p class="para1">。

■ recipe_239_04.py

```
div = soup.find("div", id="content")
p = div.find("p")
print(p)
```

▼ 执行结果

```
<p class="para1">paragraph1</p>
```

240 从获取的标记中获取信息

语法

属性	值
Tag.name	标记名称
Tag.text	标记中的文本
Tag.attrs	属性
Tag.get("属性名")	指定属性的值

※Tag表示BeautifulSoup中的Tag对象。

标记信息

HTML标记包含标记中的文本和属性（如class、href和src）。可以从find获取的Tag对象中获取这些信息。下面的代码从HTML的a标记中获取链接的内部字符和href指定的目标URL。

■ recipe_240_01.py

```python
from bs4 import BeautifulSoup
html = '<html><body><div id="content"><a class="inf-link" href="/support/inquiry-form">联系我们</a></div></body></html>'
soup = BeautifulSoup(html, "html5lib")

a = soup.find("a")
print(a.text)
print(a.get("href"))
```

▼ 执行结果

```
联系我们
/support/inquiry-form
```

241 检索所有符合条件的标记

语法

方法	返回值
soup.find_all("标记")	指定标记的标记对象序列
soup.find_all(属性=属性值)	标记与指定属性匹配的标记对象序列
soup.find_all("标记"，属性=属性值)	与指定标记和属性匹配的标记对象序列

※soup表示BeautifulSoup对象或Tag对象。

■ 按条件检索所有标记

BeautifulSoup和Tag对象具有find_all方法，与find方法非常相似。通过指定条件来检索标记的基本方法与find方法类似，但find_all方法将以序列的形式返回符合指定条件的所有Tag对象。下面的代码检索HTML字符串中的所有p标记，并在for循环中输出这些标记。

■ recipe_241_01.py

```
from bs4 import BeautifulSoup
html = '<html><body><div id="content"><h1>chapter 1</h1><p
class="para1">paragraph1</p> <p class="para2">paragraph2</p>
</div></body></html>'
soup = BeautifulSoup(html, "html5lib")

ptags = soup.find_all("p")
for p in ptags:
    print(p)
```

▼ 执行结果

```
<p class="para1">paragraph1</p>
<p class="para2">paragraph2</p>
```

第17章 HTML

391

242 解析

■ 使用HTTP请求和HTML解析器进行解析

使用搜索引擎的爬虫等分析网站的HTML并提取信息称为解析。可以通过Requests检索HTML和使用BeautifulSoup4解析HTML。以下代码获取技术评论公司的新书信息。

■ recipe_242_01.py

```python
import requests
from bs4 import BeautifulSoup

# 新书的URL
url = "https://gihyo.jp/book/list"

# HTTP GET请求
r = requests.get(url)

# 获取HTML
html = r.text

# 解析HTML
soup = BeautifulSoup(html, "html5lib")

# 获取ul标记
ul = soup.find("ul", class_="magazineList01 bookList01")

# ul标记按顺序检索下一个li标记
lis = ul.find_all("li")

# li获取每个标记的新书信息
for li in lis:
    link = li.find("h3").find("a")
    print(link.text, link.get("href"))
```

▼ 执行结果

```
テレワークをはじめよう  /book/2020/978-4-297-11490
今すぐ使えるかんたんminiCanon EOS M200  基本&応用 撮影ガイド  /book/2020/
978-4-297-11383-4
Q&Aでわかる  テレワークの労務・法務・情報セキュリティ  /book/2020/978-4-297-
11448-0
図解即戦力IT投資の評価手法と効果がこれ1冊でしっかりわかる教科書  /book/2020/978
-4-297-11369-8
図解即戦力要件定義のセオリーと実践方法がこれ1冊でしっかりわかる教科書  /
book/2020/978-4-297-11367-4
巣ごもり消費マーケティング©「家から出ない人」に買ってもらう100の販促ワザ  /
book/2020/978-4-297-11442-8
  ⋮
  ⋮
  ⋮
```

▼ 翻译结果

```
开始远程办公吧  /book/2020/978-4-297-11490
现在就能用的简单 miniCanon EOS M200  基本&应用 摄影指南  /book/2020/
978-4-297-11383-4
通过问答了解  远程办公的人式、法务和信息安全  /book/2020/978-4-297-11448-0
图解即能力是一本可以充分了解IT投资评价方法和效果的教科书  /book/2020/978-4-297
-11369-8
图解即用这一本书就能充分了解战斗力必要条件定义理论和实践方法的教科书  /book/2020
/978-4-297-11367-4
蜂巢消费营销——100个让"足不出户"买单的促销招数  /book/2020/978-4-297-
11442-8
  ⋮
  ⋮
  ⋮
```

　　用户现在可以从技术评论公司获得最新信息（但是，如果站点配置发生变化，这些脚本将不可用，用户可以尝试使用相同的HTML作为示例进行验证）。

图像处理

第18章

243 图像编辑库

语法

- 安装Pillow库

```
pip install Pillow
```

Pillow库

在Python中编辑图像时,通常使用Pillow库。在Pillow库中,可以轻松地对BMP、JPEG、PNG、PPM、GIF、TIFF 等典型图像格式进行大小转换、旋转、裁剪和合成。

244 获取图像信息

语法

- 导入Image模块

```
from PIL import Image
```

- 导入图像文件

语法	意义
`image = Image.open(图像路径)`	导入指定路径的图像，获取Pillow的图像对象

- 图像对象的信息属性

属性	意义
`image.format`	获取文件格式
`image.mode`	获取像素格式
`image.size`	获取图像大小

※image表示Pillow中的Image对象。

▬ 使用Pillow加载和获取图像信息

通过在Pillow Image.open中指定图像文件，可以根据文件类型获取用于编辑图像的对象。为了方便起见，本文档将此对象称为Image对象。此对象包含各种信息，如格式和大小。以下代码输出当前目录中相应png文件的信息。

■ recipe_244_01.py

```python
from PIL import Image
image = Image.open('python-logo.png')
# 获取文件格式
print(image.format)

# 像素格式（"1", "L", "RGB", "CMYK"等）
print(image.mode)
```

```
# 图像大小
print(image.size)
```

▼ 执行结果

```
PNG
RGBA
(50, 65)
```

245 浏览和保存Pillow中打开的图像

语法

方法	处理和返回值
`image.show()`	打开查看器浏览图像，无返回值
`image.save`(保存路径)	将图像保存到指定的存储位置，无返回值

※image表示Pillow中的Image对象。

■ 浏览、编辑和保存图像

在Pillow中工作时，在Image.open中打开图像，对其进行编辑，然后运行save方法保存图像。此外，如果运行的环境是桌面环境，则show方法将启动查看器以查看用户正在编辑的内容。

在下面的代码中，打开图像，进行上下翻转处理，然后在show方法中引用，在save方法中进行保存处理。

■ recipe_245_01.py

```python
from PIL import Image
image = Image.open('pillow_sample.jpg')
image2 = image.transpose(Image.FLIP_TOP_BOTTOM)
image2.show()
image2.save('new_sample.jpg')
```

246 缩放图像

语法

方法	处理和返回值
`image.resize((x, y))`	返回调整为指定图像大小(x, y)的图像对象
`image.thumbnail((x, y))`	将image对象大小调整为指定的图像大小(x, y)，无返回值

※image表示Pillow中的Image对象。

■ 使用resize方法缩放图像

resize

可以使用resize方法缩放图像。在第1个参数中指定长、宽像素大小的元组。下面的代码将导入的图像大小调整为400×200。如输出图像所示，原始长宽比将被忽略。

■ recipe_246_01.py

```
from PIL import Image
image = Image.open('pillow_sample.jpg')
new_image = image.resize((400, 200))
new_image.save('pillow_resize1.jpg')
```

▼ 执行结果

原始图像

调整大小后的图像

246

缩放图像

thumbnail方法

如果要考虑图像的原始长宽比，则使用thumbnail方法。thumbnail方法具有破坏性作用，会替换原始对象。

- recipe_246_02.py

```
from PIL import Image
image = Image.open('pillow_sample.jpg')
image.thumbnail((400, 400))
image.save('pillow_resize2.jpg')
```

▼ 执行结果

调整大小后的图像

247 裁剪图像

语法

方法	返回值
`image.crop((x0, y0, x1, y1))`	返回裁剪指定矩形(x0, y0)到(x1, y1)的Image对象

※i返回裁剪指定矩形(x0, y0)到(x1, y1)的Image对象。

▬ 使用crop方法裁剪图像

可以使用crop方法裁剪图像（移除不需要的区域）。指定一个元组，该元组的第1个参数为矩形。矩形由左上至右下的坐标序列(x0, y0, x1, y1)表示，原点为左上(0, 0)的平面坐标。

- 矩形和坐标

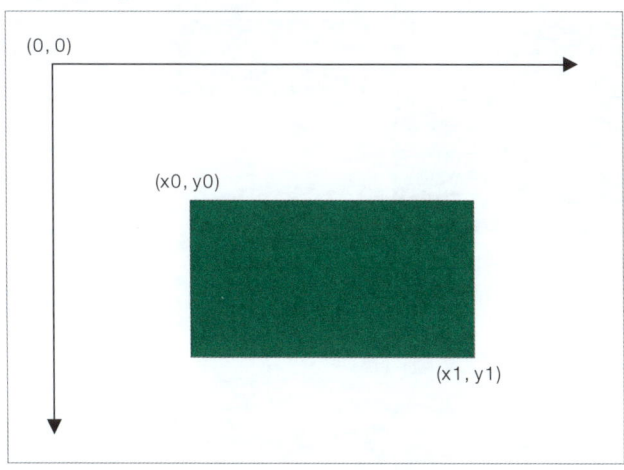

(0, 0)

(x0, y0)

(x1, y1)

下面的代码提取了导入图像的一部分。

247

裁剪图像

■ recipe_247_01.py

```python
from PIL import Image
image = Image.open("pillow_sample.jpg")
rect = (400, 500, 525, 625)
new_image = image.crop(rect)
new_image.save("pillow_crop.jpg")
```

▼ 执行结果

原始图像

裁剪后的图像

248 旋转图像

语法

方法	返回值
image.rotate(旋转角度, expand)	返回旋转了指定角度的Image对象

※image表示Pillow中的Image对象。

▶ expand参数

值	意义
False	有凸出的旋转。突出部分消失（默认设置）
True	旋转使不凸出

使用rotate方法旋转图像

可以按rotate方法参数中指定的角度旋转图像。通常，当旋转图像时，图像会出现不适合其原始大小的部分，但当expand参数为True时，图像会旋转到不超出的位置。下面的代码用于旋转导入的图像。

■ recipe_248_01.py

```python
from PIL import Image
image = Image.open("pillow_sample.jpg")
new_image1 = image.rotate(45)
new_image1.save("pillow_rotate1.jpg")
new_image2 = image.rotate(45, expand=True)
new_image2.save("pillow_rotate2.jpg")
```

▼ 执行结果

旋转后的图像

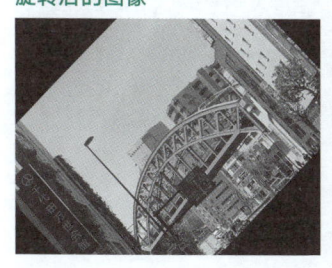

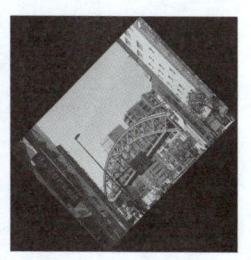

249 翻转图像

语法

方法	返回值
`image.transpose(翻转方向)`	返回按指定方向翻转的Image对象

翻转方向的常量	翻转方向
`Image.FLIP_LEFT_RIGHT`	左右翻转
`Image.FLIP_TOP_BOTTOM`	上下翻转

※image表示Pillow中的Image对象。

■ 使用transpose方法翻转图像

可以使用Pillow的transpose方法翻转图像。在参数中指定翻转方向。下面的代码用于水平和垂直翻转导入的图像。

■ recipe_249_01.py

```
from PIL import Image
image = Image.open("pillow_sample.jpg")
new_image1 = image.transpose(Image.FLIP_LEFT_RIGHT)
new_image1.save("pillow_flip1.jpg")
new_image2 = image.transpose(Image.FLIP_TOP_BOTTOM)
new_image2.save("pillow_flip2.jpg")
```

▼ 执行结果

水平翻转图像　　　　　　　　　　**垂直翻转图像**

250 将图像转换为灰度

语法

方法	返回值
`image.convert('表示颜色空间的字符串')`	返回转换为指定颜色空间的Image对象

※image表示Pillow中的Image对象。

- **颜色空间类型**

字符串	颜色空间类型
L	灰度
RGB	RGB颜色空间
CMYK	CMYK颜色空间

颜色空间转换

可以使用convert方法将对象转换为字符串指定的颜色空间。参数L表示灰度转换。下面的代码用于将导入的图像转换为灰度。

■ recipe_250_01.py

```
from PIL import Image
image = Image.open("pillow_sample.jpg")
new_image = image.convert("L")
new_image.save("pillow_gray.jpg")
```

251 在图像中嵌入文本

语法

- 导入Image、ImageFont、ImageDraw模块

```
from PIL import Image, ImageFont, ImageDraw
```

- 生成ImageFont

```
ImageFont.truetype(要使用的字体的文件路径, font_size)
```

- 生成ImageDraw

```
ImageDraw.Draw(image)
```

※image表示Pillow中的Image对象。

- ImageDraw的方法

方法
draw.text((x, y), "文本", font=字体, fill=字体颜色)
处理和返回值
使用坐标x、y中指定的字体嵌入文本,无返回值

使用text方法在图像中嵌入文本

如果要在图像中嵌入文本,则导入ImageDraw和ImageFont,使用ImageFont生成字体对象,然后通过ImageDraw对Image对象使用text方法嵌入文本。

■ recipe_251_01.py

```
from PIL import Image, ImageFont, ImageDraw
image = Image.open("pillow_sample.jpg")
text = "Python编程"
color = (255, 255, 255)
font_size = 128
```

```
font = ImageFont.truetype("字体文件路径", font_size)
draw = ImageDraw.Draw(image)
draw.text((100, 100), text, font=font, fill=color)
image.save("pillow_text.jpg")
```

▼ 执行结果

注意，字体文件因处理程序和设置而异。下表所列是字体的典型位置，具体取决于版本。

OS	路　径	备　注
Windows 10	C:\Windows\Fonts	
	C:\Users\（用户名）\AppData\Local\Microsoft\Windows\Fonts	用户字体
macOS	/System/Library/Fonts	系统字体
	/Library/Fonts	库字体
	/Users/用户名/Library/Fonts	用户字体
Ubuntu 18.04	/usr/share/fonts	

252 在图像中嵌入图像

> **语法**

方法	处理
`image1.paste(image2, (x, y), image3)`	将image2插入image1中,坐标为(x, y),并将image3设置为透明区域

※image表示Pillow中的Image对象。

■ 使用paste方法在图像中嵌入图像

可以使用Pillow的paste方法将图像粘贴到图像中。此方法具有破坏性,导致执行该方法的Image对象本身发生更改。其中,第1个参数指定要被粘贴的image对象;第2个参数指定要粘贴到的坐标;第3个参数指定蒙版区域的image对象。如果省略第3个参数,则透明区域将被遮罩并填充为黑色。

■ recipe_252_01.py

```python
from PIL import Image
image = Image.open("pillow_sample.jpg")
logo = Image.open("python-logo.png")
image.paste(logo, (100, 100), logo)
image.save("pillow_paste.jpg")
```

▼ 执行结果

253 加载图像的Exif信息

语法

方法	返回值
image._getexif()	在字典中返回图像的Exif信息

※image表示Pillow中的Image对象。

- 导入TAGS

```
from PIL.ExifTags import TAGS
```

■ 获取Exif信息

jpeg有一个可以保存Exif的坐标和相机型号等拍摄条件的信息（元数据）的区域。可以在Pillow中查看此Exif。PIL.ExifTags模块还提供了TAGS作为Exif代码和名称的字典。在下面的代码中，加载图像，并输出所有Exif信息的代码、名称和值。

■ recipe_253_01.py

```python
from PIL import Image
from PIL.ExifTags import TAGS
image = Image.open("pillow_sample.jpg")
exif = image._getexif()
for id_, value in exif.items():
    print(id_, TAGS.get(id_), value)
```

▼ 执行结果

```
36864 ExifVersion b'0231'
37121 ComponentsConfiguration b'\x01\x02\x03\x00'
37377 ShutterSpeedValue (309781, 27725)
36867 DateTimeOriginal 2020:04:15 11:44:48
36868 DateTimeDigitized 2020:04:15 11:44:48
37378 ApertureValue (54823, 32325)
37379 BrightnessValue (94900, 8831)
37380 ExposureBiasValue (0, 1)
37383 MeteringMode 5
    ⋮
    ⋮
    ⋮
```

第18章 图像处理

409

数据分析

第 19 章

254 数据分析工具

■ Python数据分析库

Python有非常完善的数据分析类库。本文档介绍了以下数据分析中常用的库的基本使用方法。

▶ IPython

IPython是Python的一种交互式外壳，通常用于数据分析业务。它提供了比普通Python交互方式更丰富的功能。

▶ NumPy

NumPy是一个用于数组计算的包，可以执行向量运算和矩阵运算。

▶ pandas

pandas可以处理表格数据。可以执行数据提取、合并、排序和透视表等电子表格计算。

▶ Matplotlib

Matplotlib是一个提供数据可视化功能的软件包，如图表和地图。

255 Anaconda

■ Anaconda简介

Anaconda是Python发行版之一，它将用于数据科学的Python软件包集合在一起，预安装了数据分析和科技计算软件包。在Python中构建数据分析环境需要安装各种库，而使用Anaconda可以省去这些麻烦。

注意，如果使用Anaconda，建议在安装前卸载标准Python，因为如果已经安装了标准Python，可能会发生冲突。

■ 使用conda命令

Anaconda提供了软件包管理命令conda，使用该命令可以添加和删除库。在Windows系统中，通过单击Start(开始)按钮启动并使用Anaconda Prompt。可以搜索、安装、更新、删除或查看已安装的软件包列表。使用Anaconda时应避免使用pip命令，因为pip命令可能会破坏依赖关系。

创建虚拟环境

Anaconda可以像venv一样使用虚拟环境。要创建虚拟环境，可以执行以下命令。

```
conda create --name <环境名称> 用于虚拟环境的软件包
```

指定要在虚拟环境中使用的软件包作为参数。例如，如果只想使用Python，则执行以下命令。

```
conda create --name <环境名称> python
```

```
conda create --name <环境名称> --clone <克隆源>
```

如果希望继续使用Anaconda环境，则按如下所示指定base。

```
conda create --name <环境名称> --clone base
```

切换虚拟环境

如果要切换到创建的虚拟环境，则执行以下命令。

```
conda activate <环境名称>
```

但是，如果要退出虚拟环境，则执行以下命令。

```
conda deactivate
```

还可以使用以下命令查看已创建的虚拟环境的列表。

```
conda info --envs
```

删除虚拟环境

要删除已创建的虚拟环境，则执行以下命令。

```
conda remove --name <环境名称> --all
```

搜索包

使用search命令搜索包。

```
conda search <关键字>
```

安装

使用install命令安装软件包。

```
conda install --name <环境名称> <包名称>
```

更新

如果要更新已经安装的软件包，则执行以下命令。如果要更新conda本身，则按第2行中的说明进行指定。

```
conda update --name <环境名称> <包名称>
conda update conda
```

卸载

如果要卸载已安装的软件包，则执行以下命令。

```
conda remove --name <环境名称> <包名称>
```

查看已安装的软件包

如果要查看已安装的软件包，则执行以下命令。

```
conda list --name <环境名称>
```

导出已安装的软件包

如果要导出已安装的软件包，则执行以下命令，然后将其重定向到文本文件。

```
conda list --name <环境名称> --export > package-list.txt
```

或者，如果要基于导出的文件创建环境，则执行以下命令。

```
conda create --name <环境名称> --file package-list.txt
```

IPython

第20章

256 使用IPython

语法

- 安装IPython

```
pip install ipython
```

- 启动IPython

```
ipython
```

■ IPython简介

IPython是Python的一种交互式外壳，通常用于数据分析业务。与普通的Python交互模式相比，它提供了更多的功能，如代码完成和候选输出，非常易于使用，因此它可以替代交互模式。

■ 安装和启动IPython

如本节开头所述，可以使用pip命令进行安装。Anaconda预安装，无须安装。如果在命令行中输入ipython命令，将启动以下交互模式。

```
> ipython
Python 3.8.6 (default, Nov 24 2019, 17:01:39)
Type 'copyright', 'credits' or 'license' for more information
IPython 7.11.1 -- An enhanced Interactive Python. Type '?' for
help.

In [1]:
```

可以在行号后面输入Python代码继续执行。

■ 按Tab键完成

IPython提供了Tab键自动完成和候选视图功能。用户可以输入内容，然后按Tab键选择一个补全选项。

256

使用IPython

```
In [1]: myvalue1 = 1

In [2]: m
```

▼ 执行结果

```
In [1]: myvalue1 = 1
In [2]: m
         map()        min()       %magic       %matplotlib  %mv
         max()        myvalue1    %man         %mkdir
         memoryview   %macro      %%markdown   %more
```

■ 使用"?"命令检查变量

在变量或对象之后输入"?"命令,然后按Enter键查看变量的类型和值,代码如下所示。

```
In [3]: myvalue1?
Type:         int
String form: 1
Docstring:
int([x]) -> integer
⋮
⋮
```

257 魔术函数

> **语法**

- **典型的魔术函数**

魔术函数	功能
`%timeit`	时间测量
`%run`	运行外部脚本
`%history`	历史参照
`%save`	保存到脚本

魔术函数简介

IPython提供了一个类似于实用程序的函数,称为魔术函数,可以用来计时和查看历史记录。使用以下格式。

```
%[魔术函数名] 参数
```

时间测量

使用%timeit可以测量处理的执行时间。下面的IPython交互将测量生成1000个元素列表的执行时间。

```
In [1]: %timeit list(range(1000))
10.3 µs ± 109 ns per loop (mean ± std. dev. of 7 runs, 100000 loops each)
```

运行外部脚本

使用%run可以运行外部脚本。例如,假设有一个名为sample.py的脚本,代码如下所示。

```
print("This is a sample.")
```

魔术函数

可以在IPython中执行以下命令。

```
In [1]: %run sample.py
This is a sample.
```

浏览和保存历史记录

可以在%history中查看历史记录。%save可以将要保存的历史记录编号并保存为脚本。在下面的IPython交互中，第4个、第1个和第2个命令行运行的内容在%save中保存为sample2.py，然后由%run在第5个命令行运行。

```
In [1]: s = 'sample'

In [2]: print(s)
sample

In [3]: %history
s = 'sample'
print(s)
%history

In [4]: %save sample2.py 1 2
The following commands were written to file `sample2.py`:
s = 'sample'
print(s)

In [5]: %run sample2.py
sample
In [6]: %load sample2.py
   ...: s = 'sample'
   ...: print(s)
   ...:
sample
```

NumPy

第21章

258 使用NumPy

语法

- 安装NumPy

```
pip install numpy
```

- 导入numpy

```
import numpy as np
```

▬ NumPy简介

处理大型数据（如科学技术计算和Web数据分析）可能需要多维度和大量向量（如数组）运算。使用NumPy可以轻松地执行这些多维度和大量向量运算。此外，NumPy数组的处理速度相对较快。

同时，作为科技计算的基础库，NumPy提供了各种基础运算功能，因此很多库（如cipy、Matplotlib、pandas等）都依赖NumPy。

▬ 安装和导入NumPy

如本节开头的命令所示，可以使用pip命令进行安装。Anaconda已预安装，不需要安装。在导入和使用NumPy时，通常将其命名为np。例如，如果要导入Numpy并生成一个3行3列的矩阵，则编写以下内容。

```
import numpy as np
x = np.array([[11, 12, 13], [21, 22, 23], [31, 32, 33]])
```

259 ndarray

语法

- 生成ndarray

函数	返回值
`np.array(list类型变量)`	指定列表中值的ndarray
`np.arange(start, stop)`	从start到stop的单分隔的ndarray
`np.arange(start, stop, step)`	从start到stop以step分隔的ndarray

- 参照

```
ndarray[下标]
```

- 更新

```
ndarray[下标] = 更新值
```

ndarray简介

NumPy有一个名为ndarray的序列，类似于列表类型，该序列允许对向量和矩阵进行运算。ndarray有时称为NumPy数组。与Python的列表相比，它的特点是可以进行各种运算和数学函数处理，处理速度也更快。

从列表生成ndarray

可以通过在np.array函数中指定列表或元组等序列来生成ndarray。

■ recipe_259_01.py

```
import numpy as np
x = np.array([1, 0, 1])
print(x)
```

▼ 执行结果

```
[1 0 1]
```

ndarray

生成各种ndarray

在生成ndarray时，可以指定范围、间距、数量、类型等。

指定范围、指定间距

使用arange函数可以指定范围和间距。

■ recipe_259_02.py

```
import numpy as np
x1 = np.arange(1, 10)       # 生成1个或多个小于10的数组
print(x1)
x2 = np.arange(1, 10, 2)    # 生成大于1小于10且间隔为2的数组
print(x2)
```

▼ 执行结果

```
[1 2 3 4 5 6 7 8 9]
[1 3 5 7 9]
```

指定元素数

使用linspace函数可以指定ndarray的元素数并生成这些元素。

■ recipe_259_03.py

```
import numpy as np
x = np.linspace(1, 2, 5)  # 1～2之间的5个元素
print(x)
```

▼ 执行结果

```
[1.   1.25 1.5  1.75 2.  ]
```

访问ndarray的数据

可以通过下标访问常规序列，如列表和元组。

- recipe_259_04.py

```python
import numpy as np

# 生成数组
x = np.array([1, 2, 3, 4, 5])

# 访问第0个元素
print(x[0])

# 访问切片中的第0个到第2个元素
print(x[0:2])

# 访问最后一个元素
print(x[-1])
```

▼ 执行结果

```
1
[1 2]
5
```

也可以通过指定和分配索引进行更新。

- recipe_259_05.py

```python
import numpy as np

# 生成数组
x = np.array([1, 2, 3])

# 更新第0个元素
x[0] = 100

print(x)
```

▼ 执行结果

```
[100   2   3]
```

ndarray

NumPy类型

除了Python类型之外,NumPy还有自己的类型来满足其运算特性。以下是常用的类型。

NumPy类型	意　义
`np.bool`	真值(等同于bool)
`np.int64`	64位整数(等同于int)
`np.float64`	64位浮点数(等同于float)

如果在生成时省略类型,则会自动确定类型;如果要显式指定类型,则使用dtype。还可以在ndarray.dtype中查看类型。下面的代码分别在未指定dtype和指定dtype时生成ndarray,并检查类型。

■ recipe_259_06.py

```python
import numpy as np

# 生成数组（未指定dtype）
x1 = np.array([1, 2, 3])
print(x1.dtype)

# 生成数组（指定dtype为float64）
x2 = np.array([1, 2, 3], dtype=np.float64)
print(x2.dtype)
```

▼ 执行结果

```
int64
float64
```

260 计算ndarray中每个元素的函数

▬ 通用函数

ndarray使用称为通用函数的函数，可以对所有元素执行数学函数计算，并在ndarray中获得结果。内置的通用函数见下一页的表格所列。

在下面的示例中，针对区间[0,10)的x值，对各个元素求函数y=sin(x)的y值。

■ recipe_260_01.py

```
import numpy as np
x = np.arange(0, 10)
y = np.sin(x)
print(y)
```

▼ 执行结果

```
[ 0.          0.84147098  0.90929743  0.14112001 -0.7568025
 -0.95892427
 -0.2794155   0.6569866   0.98935825  0.41211849]
```

一个很大的好处是不需要对每个元素（如循环）进行计算。它也常用于在Matplotlib中绘制函数的图形。有关图形绘制的示例，请参见"294 绘制函数的图形"。

▬ 通用函数示例

下一页列出了通用函数中具有代表性的函数的列表。除了上面列出的内容外，还提供了基本数学函数的处理。请参阅相关资料了解其他函数，因为此处没有全部介绍。

260

计算ndarray中每个元素的函数

通用函数	运算内容
`np.add(x1, x2)`	x1中的每个元素加上x2中的每个元素
`np.subtract(x1, x2)`	x1中的每个元素减去x2中的每个元素
`np.multiply(x1, x2)`	x1中的每个元素乘以x2中的每个元素
`np.divide(x1, x2)`	x1中的每个元素除以x2中的每个元素
`np.mod(x1, x2)`	x1中的每个元素除以x2中的每个元素的余数
`np.square(x)`	x元素的平方
`np.sign(x)`	x元素的符号
`np.sqrt(x)`	x元素的平方根
`np.reciprocal(x)`	x元素的倒数
`np.abs(x)`	x元素的绝对值
`np.exp(x)`	x的每个元素的以e为底数的指数
`np.log(x)`	x元素的自然对数
`np.log2(x)`	x的每个元素的以2为底数的对数
`np.log10(x)`	x元素的常用对数
`np.sin(x)`	x元素的正弦
`np.cos(x)`	x元素的余弦
`np.tan(x)`	x元素的正切

261 计算向量

语法

运算	意义
ndarray1 + ndarray2	加法
ndarray1 - ndarray2	减法
ndarray * c	乘法（标量积）
ndarray / c	除法（标量积）
ndarray1 * ndarray2	乘法（阿达玛积）
ndarray1 / ndarray2	除法（阿达玛积）
np.dot(ndarray1, ndarray2)	内积
np.cross(ndarray1, ndarray2)	外积（交叉积）

■ 运算符运算

定义了将ndarray视为向量时的各种操作。"+""-"可以执行加减运算，"*""/"可以执行标量积或阿达玛积运算。下面的代码对两个三维向量(1, 2, 3)和(4, 5, 6)执行各种运算。

■ recipe_261_01.py

```python
import numpy as np

x = np.array([1, 2, 3])
y = np.array([4, 5, 6])

# 加法
val1 = x + y
print(val1)

# 减法
val2 = x - y
print(val2)
```

```python
# 乘法（标量积）
val3 = x * 2
print(val3)

# 除法（标量积）
val4 = x / 2
print(val4)

# 乘法（阿达玛积）
val5 = x * y
print(val5)

# 除法（阿达玛积）
val6 = x / y
print(val6)
```

▼ 执行结果

```
[5 7 9]
[-3 -3 -3]
[2 4 6]
[0.5 1.  1.5]
[ 4 10 18]
[0.25 0.4  0.5 ]
```

内积

可以用np.dot计算内积。下一页的代码用于验证正交基底的内积是否为0。

■ recipe_261_02.py

```
import numpy as np

e1 = np.array([1, 0, 0])
e2 = np.array([0, 5, 0])

z = np.dot(e1, e2)
print(z)
```

▼ 执行结果

```
0
```

外积

在numpy.cross中,可以计算外积。在下面的代码中,可以看到两个正交基底的外积是法线向量。

■ recipe_261_03.py

```
import numpy as np

e1 = np.array([1, 0, 0])
e2 = np.array([0, 1, 0])
e3 = np.cross(e1, e2)
print(e3)
```

▼ 执行结果

```
[0 0 1]
```

262 数组的矩阵表示

> **语法**
>
> np.array(二维列表)

■ ndarray和行列

通过在np.array参数中指定二维列表,可以使用ndarray来表示矩阵。此外,在输出时还会显示对齐的缩进。下面的代码用于生成一个3行3列的矩阵,并将其输出。

■ recipe_262_01.py

```python
import numpy as np
x = np.array([[11 , 12, 13], [21, 22, 23],
[31, 32, 33]])
print(x)
```

▼ 执行结果

```
[[11 12 13]
 [21 22 23]
 [31 32 33]]
```

■ 数据访问

检索元素

可以通过按行和列的顺序指定下标来检索矩阵元素。

■ recipe_262_02.py

```python
import numpy as np
x = np.array([[11 , 12, 13], [21, 22, 23],
[31, 32, 33]])
print(x[0, 2])  # 可以获取第1行、第3列的元素13
print(x[2, 0])  # 可以获取第3行、第1列的元素31
```

▼ 执行结果

```
13
31
```

切片

可以按行和列的顺序使用切片语法。下面的代码用于检索3×3矩阵的2×2部分矩阵。

■ recipe_262_03.py

```
import numpy as np
x = np.array([[11 , 12, 13], [21, 22, 23],
[31, 32, 33]])
print(x[0:2, 0:2])
```

▼ 执行结果

```
[[11 12]
 [21 22]]
```

提取行

只需指定第1个下标即可提取行。下面的代码获取3×3矩阵的第1行。

■ recipe_262_04.py

```
import numpy as np
x = np.array([[11 , 12, 13], [21, 22, 23],
[31, 32, 33]])
print(x[0])
```

▼ 执行结果

```
[11 12 13]
```

提取列

因为可以切片，所以可以指定所有行（冒号），然后使用第2个下标提取列。下面的代码用于获取3×3矩阵的第2列。

■ recipe_262_05.py

```
import numpy as np
x = np.array([[11 , 12, 13], [21, 22, 23],
[31, 32, 33]])
print(x[:, 1]) # 提取第2列
```

▼ 执行结果

```
[12 22 32]
```

263 代表性矩阵

语法

函数	返回值
np.eye(N)	N×N的单位矩阵
np.zeros((N, M))	N×M的零矩阵
np.tri(N)	N×N的三角矩阵
np.ones((N, M))	N×M的元素全部为1的矩阵

■ 代表性矩阵的生成

NumPy提供了用于生成代表性矩阵的函数,如单位矩阵、零矩阵和三角矩阵。

单位矩阵

使用eye函数生成单位矩阵。指定参数的大小。下面的代码用于生成4×4单位矩阵。

■ recipe_263_01.py

```
import numpy as np
e = np.eye(4)
print(e)
```

▼ 执行结果

```
[[1. 0. 0. 0.]
 [0. 1. 0. 0.]
 [0. 0. 1. 0.]
 [0. 0. 0. 1.]]
```

零矩阵

使用zeros函数生成零矩阵。在参数中指定行×列元组或列表。下面的代码用于生成2×3的零矩阵。

■ recipe_263_02.py

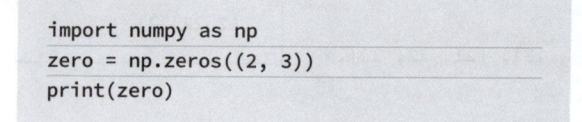

```
import numpy as np
zero = np.zeros((2, 3))
print(zero)
```

▼ 执行结果

```
[[0. 0. 0.]
 [0. 0. 0.]]
```

三角矩阵

使用tri函数生成三角矩阵。在参数中指定大小。下面的代码用于生成4×4的三角矩阵。

- recipe_263_03.py

```
import numpy as np
tr = np.tri(4)
print(tr)
```

▼ 执行结果

```
[[1. 0. 0. 0.]
 [1. 1. 0. 0.]
 [1. 1. 1. 0.]
 [1. 1. 1. 1.]]
```

所有元素均为1的矩阵

使用ones函数可以生成所有元素均为1的矩阵。在参数中指定行×列元组或列表。下面的代码用于生成3×2的所有元素都为1的矩阵。

- recipe_263_04.py

```
import numpy as np
ones = np.ones((3, 2))
print(ones)
```

▼ 执行结果

```
[[1. 1.]
 [1. 1.]
 [1. 1.]]
```

264 计算矩阵

■ 矩阵的四则运算

与一维向量一样，ndarray也可以在矩阵中进行加减、标量积和阿达玛积运算。有关如何编写运算的信息，请参见"261 计算向量"。

下面的代码用于计算3×3矩阵的和与差。

■ recipe_264_01.py

```
import numpy as np

a = np.array([[1, 2, 3], [4, 5, 6], [7, 8, 9]])
b = np.array([[10, 20, 30], [40, 50, 60], [70, 80, 90]])

print(a + b)
print(a - b)
```

▼ 执行结果

```
[[11 22 33]
 [44 55 66]
 [77 88 99]]

[[ -9 -18 -27]
 [-36 -45 -54]
 [-63 -72 -81]]
```

也可以使用np.dot计算矩阵的内积。下面的代码用于计算3×3的矩阵的内积。

■ recipe_264_02.py

```
import numpy as np

a = np.array([[1, 2, 3], [4, 5, 6], [7, 8, 9]])
b = np.array([[1, 2, 3], [1, 2, 3], [1, 2, 3]])
```

```
x = np.dot(a, b)
print(x)
```

▼ 执行结果

```
[[ 6 12 18]
 [15 30 45]
 [24 48 72]]
```

265 矩阵的基本运算

> **语法**

属性	意义
`M.T`	表示转置矩阵的ndarray
`M.trace()`	追踪

函数	返回值
`np.linalg.inv(M)`	表示逆矩阵的ndarray
`np.linalg.det(M)`	行列式
`np.linalg.matrix_rank(M)`	秩

※M表示矩阵形式的ndarray。

■ 基本线性代数运算

ndarray提供了用于获取转置和追踪的属性，还为各种线性代数运算提供了linalg模块，可以求行列式、逆矩阵等。下面的代码用于确定2×2矩阵的转置、追踪、逆矩阵、行列式和秩。

■ recipe_265_01.py

```
import numpy as np

a = np.array([[1, 3], [2, -1]])

# 矩阵显示
print(a)

# 转置
print(a.T)

# 追踪
print(a.trace())

# 逆矩阵
```

```
print(np.linalg.inv(a))

# 行列式
print(np.linalg.det(a))

# 秩
print(np.linalg.matrix_rank(a))
```

▼ 执行结果

```
[[ 1  3]
 [ 2 -1]]
[[ 1  2]
 [ 3 -1]]
0
[[ 0.14285714  0.42857143]
 [ 0.28571429 -0.14285714]]
-7.000000000000001
2
```

266 矩阵的QR分解

语法

函数	返回值
`np.linalg.qr(M)`	正交矩阵Q和上三角矩阵R的元组

※M、Q和R表示矩阵形式的ndarray。

■ QR分解

可以在np.linalg.qr中对两个基础向量展开的向量空间进行QR分解。返回一个元组，该元组的值分解为正交矩阵Q和上三角矩阵R的乘积。下面的代码对表示向量(1,1,0)和(0,-1,0)的矩阵 a 进行QR 分解。

■ recipe_266_01.py

```
import numpy as np

a = np.array([[1, 1], [1, -1], [0, 0]])

# QR分解
q, r = np.linalg.qr(a)
print(q)
print(r)
```

▼ 执行结果

```
[[-0.70710678 -0.70710678]
 [-0.70710678  0.70710678]
 [-0.         0.        ]]
[[-1.41421356e+00  3.33066907e-16]
 [ 0.00000000e+00 -1.41421356e+00]]
```

267 求矩阵的特征值

语法

函数	返回值
np.linalg.eig(M)	特征值和向量ndarray元组

※M表示矩阵形式的ndarray。

▪ 特征值和特征向量

可以在linalg.eig中找到特征值和特征向量。返回值包括特征值和一个特征值向量元组。下面的代码计算3×3矩阵的特征值和特征向量。

■ recipe_267_01.py

```
import numpy as np
a = np.array([[2, 1, 1],[1, 2, 1],[1, 1, 2]])
w, v = np.linalg.eig(a)

# 特征值
print(w)

# 特征向量
print(v)
```

▼ 执行结果

```
[1. 4. 1.]
[[-0.81649658  0.57735027 -0.32444284]
 [ 0.40824829  0.57735027 -0.48666426]
 [ 0.40824829  0.57735027  0.81110711]]
```

请注意，linalg.eig的返回值返回重复的值，即使固有方程具有重解（等根）。这些矩阵的特征值方程$(\lambda-1)^2(\lambda-4)=0$中，1是重解，w返回两个1。v返回与下标w相对应的特征向量。

268 求联立线性方程组的解

语法

函数	返回值
np.linalg.solve(系数矩阵，常数矩阵)	表示联立线性方程组解的ndarray

■ 联立线性方程组的解

利用linalg.solve可以得到联立线性方程组的解。

例如，联立线性方程组

$$\begin{cases} 3x + y = 9 \\ x + 3y = 0 \end{cases}$$

的x、y系数和常数的矩阵为

$$A = \begin{pmatrix} 3 & 1 \\ 1 & 3 \end{pmatrix}$$

$$B = \begin{pmatrix} 9 \\ 0 \end{pmatrix}$$

在linalg.solve参数中指定系数矩阵和常数矩阵。在下面的代码中，得到上面的方程组的解后，将其应用到方程中进行验算。

■ recipe_268_01.py

```
import numpy as np

# 系数矩阵
coef = np.array([[3, 1], [1, 3]])

# 常数矩阵
dep = np.array([9, 0])

# 联立线性方程组的解
ans = np.linalg.solve(coef, dep)
```

```
# 输出解
print(ans)

# 验算
c1 = 3 * ans[0] + 1 * ans[1]
c2 = 1 * ans[0] + 3 * ans[1]
print(c1, c2)
```

▼ 执行结果

```
[3.375 -1.125]
9.0 0.0
```

从执行结果可以看出,得到了正确的解决方案。

269 生成随机数

> **语法**

函数	返回值
np.random.rand(N)	在[0,1) 半开区间均匀分布的N个随机数的ndarray
np.random.normal(loc, scale, N)	服从平均值为loc、标准偏差为scale的正态分布的N个随机数的ndarray

■ 使用random模块生成随机数

NumPy的random模块可以生成均匀分布和正态分布的随机数。

■ recipe_269_01.py

```python
import numpy as np
rarray = np.random.rand(5)
for r in rarray:
    print(r)
```

▼ 执行结果

```
0.4387002636086612
0.17067787376499455
0.26568231670555553
0.5865570535002667
0.6778917099428369
```

有关生成正态分布随机数的示例,请参见"296 创建直方图"。

第22章 pandas

270 使用pandas

> **语法**

- 安装pandas

```
pip install pandas
```

- 导入pandas

```
import pandas as pd
```

▬ pandas简介

　　pandas是Python的一个数据分析库,可以处理表格数据和矩阵。可以通过合并操作(如透视表、GroupBy、排序等)以及与Matplotlib配合使用的可视化操作来替换电子表格软件的计算功能。

▬ 安装和导入pandas

　　可以用pip命令安装pandas。如果使用Anaconda,则不需要安装。另外,导入时一般会加上pd这个别名。

▬ pandas的基本术语

　　下面了解pandas基本术语中的重要内容。

▶ Series
　　Series是一种可由pandas处理的数据格式,可以将其视为一维数组中的单列表。

▶ DataFrame
　　DataFrame是由行和列组成的表格数组数据,它是pandas处理的中心数据格式,也可以将其理解为多个系列的集合。

- **index**

可以附加到Series或DataFrame中的行数据的标签称为index，有时称为行标签。可以使用index访问Series和DataFrame中的行数据。

- **columns**

可以附加到DataFrame中的列数据的标签称为columns，有时也称为列标签。可以使用columns访问DataFrame中的列数据。

- **integer-location**

由于DataFrame是行（列）格式，因此也可以通过编号访问数据。这种访问方法称为integer-location。

271 生成Series

> **语法**
>
> ```
> pd.Series(数据数组, index=索引列表)
> ```

■ DataFrame和Series

DataFrame是pandas处理表格数据的核心数据格式。Series可以将序列标记为index，用于表示单个列或较小的数据块。可以将DataFrame视为一个系列作为列的集合。

■ 从列表中生成Series

可以从序列（如列表）中生成Series。

■ recipe_271_01.py

```python
import pandas as pd
s = pd.Series([10, 20, 30], index=["a", "b", "c"])
print(s)
```

▼ 执行结果

```
a    10
b    20
c    30
dtype: int64
```

当使用print函数输出Series时，它将输出带索引的序列。左侧的a、b和c是称为index的行的名称。也可以省略index，在这种情况下，会给出一个从0开始的整数。

■ pandas类型

DataFrame可以处理数值以外的各种数据，包括NumPy和pandas类型以及Python对象等。常用的类型如右表所列。

类 型	意 义
bool	布尔值
np.int64	64位整数（同int）
np.float64	64位浮点数（同float）
pd.StringDtype()	pandas字符串
object	Python对象

如果在生成Series时省略类型，则会自动确定类型；如果要显式指定类型，则使用dtype。还可以在Series.dtype中查看Series类型。下面的代码分别在未指定dtype和指定dtype时生成Series，并检查类型。

■ recipe_271_02.py

```
import pandas as pd
import numpy as np

s1 = pd.Series([10, 20, 30], index=["a", "b", "c"])
print(s1.dtype)

s2 = pd.Series([10, 20, 30], index=["a", "b", "c"],
dtype=np.float64)
print(s2.dtype)
```

▼ 执行结果

```
int64
float64
```

如果要存储字符串，则指定pd.StringDtype()或str。如果指定str，则dtype为object。代码如下所示。

■ recipe_271_03.py

```
import pandas as pd

s1 = pd.Series([10, 20, 30], index=["a", "b", "c"],
dtype=pd.StringDtype())
print(s1.dtype)

s2 = pd.Series([10, 20, 30], index=["a", "b", "c"],
dtype=str)
print(s2.dtype)
```

▼ 执行结果

```
string
object
```

272 访问Series中的数据

> **语法**
> ```
> s["索引"]
> s.索引
> ```

▬ 索引引用

可以通过指定Series的索引来检索元素。有两种方法:一种是使用"[]";另一种是使用"."。

■ recipe_272_01.py

```python
import pandas as pd
s = pd.Series([1, 2, 3, 4], index=['a', 'b', 'c', 'd'])
print(s["a"])
print(s.b)
```

▼ 执行结果

```
1
2
```

▬ 通过指定索引进行更新

可以通过指定和分配索引来更新Series。

■ recipe_272_02.py

```python
# 上一个代码的延续
s["c"] = 100
s.d = 200
print(s)
```

▼ 执行结果

```
a    1
b    2
c    100
d    200
dtype: int64
```

273 生成DataFrame

> **语法**

- 通过列表生成

```
pd.DataFrame(二维数据数组, columns=column列表, index=index列表)
```

- 通过字典生成

```
data = {column1 : 数据数组1, column2 : 数据数组2, …}
pd.DataFrame(data, index=index列表)
```

▬ 通过列表和字典生成DataFrame

在pandas中执行操作时，使用DataFrame的数据格式执行操作。DataFrame是一个表格，除了内容数据之外，还具有index和columns标签。通常会生成CSV、TSV、JSON等文本文件和DataFrame。本节介绍如何在Python代码中通过列表和字典生成数据，并从PostgreSQL等数据库中获取数据。有关其他方法，请参见下文。

通过列表生成

以下代码用于生成2×3的DataFrame。指定二维列表和index、columns作为参数。如果省略index，则从0开始的连续编号为index。

■ recipe_273_01.py

```python
import pandas as pd
df = pd.DataFrame([[1, 10], [2, 20], [3, 30]],
columns=['col1', 'col2'], index=[0, 1, 2])
print(df)
```

▼ 执行结果

	col1	col2
0	1	10
1	2	20
2	3	30

输出表格数据。输出的顶部是columns，输出的最左列是index。

通过字典生成

以下代码用于通过字典生成DataFrame，其数据与通过列表生成的数据类似。同样，如果省略index，则index是从0开始的连续编号。

生成DataFrame

- recipe_273_02.py

```python
import pandas as pd
data = {'col1' : [1, 2, 3], 'col2' : [10, 20, 30]}
df = pd.DataFrame(data, index=[0, 1, 2])
print(df)
```

▼ 执行结果

```
   col1  col2
0     1    10
1     2    20
2     3    30
```

DataFrame的类型

如果要在生成DataFrame后为每列指定类型，可以使用astype方法。还可以在.dtypes中查看DataFrame的类型。下面的代码用于将col1转换为float64，将col2转换为StringDtype，并检查先前DataFrame的类型。

- recipe_273_03.py

```python
# 上一个代码的延续
import numpy as np
df2 = df.astype({'col1': np.float64, 'col2': pd.StringDtype()})
print(df2.dtypes)
```

▼ 执行结果

```
col1    float64
col2     string
dtype: object
```

274 使用pandas导入和导出CSV文件

语法

- 导入CSV/TSV文件

函数	返回值
`pd.read_csv(文件路径)`	读取指定的CSV文件并返回DataFrame

▶ 可选参数

参数	意义
`sep`	分隔符，默认为逗号
`header`	标头行号（默认值为0）；如果没有标头，则指定None
`dtype`	在字典中指定每列的类型

- 导出为CSV/TSV文件

方法	处理
`df.to_csv(文件路径)`	将DataFrame内容导出到文件

▶ 可选参数

参数	意义
`sep`	分隔符，默认为逗号
`index`	用bool类型指定是否需要输出index
`index_label`	输出index时的列名

导入CSV文件

pandas提供了导入CSV文件并将其转换为DataFrame的功能。Python的标准库中也有CSV解析器，但建议使用pandas，因为pandas更简单，操作更多。下面的代码用于在当前目录中检索data.csv。

■ recipe_274_01.py

```
df = pd.read_csv('data.csv')
```

274

使用pandas导入和导出CSV文件

在可选参数中,可以指定分隔符和标头,用于导入无标题的TSV文件。

```
df = pd.read_csv('data.tsv', sep='\t', header=None)
```

也可以使用dtype显式指定类型。如果要将列col1视为float64,将列col2视为int64,则代码如下所示。

```
import numpy as np
df = pd.read_csv('data.tsv', sep='\t', dtype={'col1': np.float64, ⏎
'col2': np.int64})
```

■ 导出为CSV文件

也可以将DataFrame导出为CSV或TSV文件。可以使用to_csv方法设置文件名、分隔符和是否导出索引(index)。在下面的示例中,DataFrame导出不包含索引的CSV格式文件,以及包含索引的TSV格式文件,并且索引的列名为col0。

```
# 导出为不包含索引的CSV格式
df.to_csv('output.csv', index=False)

# 导出为包含索引的TSV格式,并且索引的列名为col0
df.to_csv('output.tsv', sep='\t', index=True, index_label='col0')
```

275 使用pandas读写数据库

语法

- 数据库读取

函数	返回值
psql.read_sql("SELECT SQL"，连接)	将SELECT结果转换为DataFrame并返回

▶ 可选参数

参数	意义
index_col	DataFrame中要作为索引的列

- 写入数据库

方法	处理
df.to_sql("表名"，连接)	将DataFrame的内容存储到数据库中

▶ 可选参数

参数	意义
index	是否需要注册DataFrame的index
index_label	插入索引时的列名
if_exists	指定插入数据已存在时的行为。fail表示导致异常；append表示添加；replace表示在插入前清除表

※df表示DataFrame对象。

从数据库生成DataFrame

可以使用pandas.io.sql.read_sql将SELECT语句的结果存储在DataFrame中。下一页中的代码在内存的sqlite3中创建body表并插入4条记录，然后将SELECT语句的结果存储在DataFrame中。将read_sql参数设置为SQL语句和连接，以及要设置为index的列。

使用pandas读写数据库

- recipe_275_01.py

```python
import sqlite3
import pandas as pd
import pandas.io.sql as psql

# 连接到sqlite3
with sqlite3.connect(':memory:') as conn:
    cur = conn.cursor()

    # 创建示例表
    cur.execute('CREATE TABLE body (id int, height float, weight float)')

    # 插入示例数据
    cur.execute('insert into body  values (1, 165, 56)')
    cur.execute('insert into body  values (2, 177, 67)')
    cur.execute('insert into body  values (3, 168, 59)')
    cur.execute('insert into body  values (4, 171, 65)')

    # 从SELECT语句创建DataFrame
    df = psql.read_sql("SELECT id, height, weight FROM body;", conn, index_col="id")

    print(df)
```

▼ 执行结果

```
    height  weight
id
1    165.0    56.0
2    177.0    67.0
3    168.0    59.0
4    171.0    65.0
```

从DataFrame到数据库INSERT

to_sql还可以将DataFrame的内容存储在数据库中。上一页中的代码继续前面的代码,并通过添加1行数据进行更新。然后再次使用sql检索DataFrame以检查其内容。

■ recipe_275_02.py

```
data = {'height' : [172], 'weight' : [71]}
df2 = pd.DataFrame(data, index=[5])
df2.to_sql('body', conn, if_exists='append', index="id")
df3 = psql.read_sql("SELECT id, height, weight FROM body;", conn, index_col="id")
print(df3)
```

▼ 执行结果

id	height	weight
1	165.0	56.0
2	177.0	67.0
3	168.0	59.0
4	171.0	65.0
5	172.0	71.0

从执行结果可以确保数据已更新。

非SQLite 3数据库

不同的连接可以提供SQLite 3 以外的数据库,但必须使用名为SQLAlchemy的第三方库以及数据库类型的连接库。可以使用右侧的pip命令安装SQLAlchemy。

```
pip install SQLAlchemy
```

下面的代码用于将数据插入MySQL中。

```
import pandas as pd
import pandas.io.sql as psql
from sqlalchemy import create_engine

engine = create_engine('mysql://user:password@host:port/schema')
with engine.begin() as con:
    df.to_sql('table_name', con=con, if_exists='append', index=False)
```

276 使用pandas导入剪贴板数据

语法

- 从剪贴板导入

函数	返回值
pd.read_clipboard()	导入剪贴板内容并返回DataFrame

▶ 可选参数

参数	意义
sep	分隔符，默认为空格(s+)

- 导出到剪贴板

方法	处理
df.to_clipboard()	将DataFrame内容导出到剪贴板

▶ 可选参数

参数	意义
sep	分隔符，默认为制表符

※df表示DataFrame对象。

▬ 使用剪贴板

在交互分析过程中，如果全部导入和导出到文件中，就会很麻烦，而且会堆积很多不必要的文件，但pandas可以在剪贴板中导入和导出，从而避免了这些麻烦。

注意，在Linux中，需要剪贴板操作系统库xclip或xsel。例如，如果是Debian系统，则需要进行以下安装。

```
sudo apt-get install xsel
```

从剪贴板导入

read_clipboard函数可以将剪贴板内容转换为DataFrame。假设已将适当的TSV（如电子表格）复制到剪贴板。如果在Python交互模式或IPython启动的情况下执行下一页中的命令，则剪贴板内容将存储在DataFrame中。用sep指定分隔符。

458

```python
df = pd.read_clipboard(sep='\t')
```

导出到剪贴板

to_clipboard函数可以将DataFrame的内容导出到剪贴板。

- recipe_276_01.py

```python
import pandas as pd
data = {'height' : [161, 168, 173, 169, 188], 'weight' : [55, 63,
78, 59, 68]}
df = pd.DataFrame(data)
df.to_clipboard()
```

以下TSV文本将被导出到剪贴板。

```
    height  weight
0   161     55
1   168     63
2   173     78
3   169     59
4   188     68
```

277 从DataFrame中求出基本统计量

语法

方法	返回值
df.count()	数据计数
df.mean()	平均值
df.std()	标准偏差
df.max()	最大值
df.min()	最小值
df.var()	分布
df.sample()	随机抽样
df.describe()	批量检索

※df表示DataFrame对象。

■ 计算基本统计量

可以从DataFrame中获得各种基本统计信息。在下面的代码中,计算了每列设置的5个人的身高、体重数据的平均值。请注意,返回值采用Series格式,因此可以使用"."来引用数据。

■ recipe_277_01.py

```
import pandas as pd
data = {'height' : [161, 168, 173, 169, 188], 'weight' : [55, 63,
78, 59, 68]}
df = pd.DataFrame(data)

# 计算平均值
m = df.mean()

print(m)
```

```python
# 引用每列的平均值
print(m.height)
print(m.weight)
```

▼ 执行结果

```
height    171.8
weight     64.6
dtype: float64
171.8
64.6
```

也可以使用df.describe函数批量获取基本统计信息。

■ recipe_277_02.py

```python
# 上一个代码的延续
ds = df.describe()
print(ds)
```

▼ 执行结果

```
            height      weight
count     5.000000    5.000000
mean    171.800000   64.600000
std      10.034939    8.905055
min     161.000000   55.000000
25%     168.000000   59.000000
50%     169.000000   63.000000
75%     173.000000   68.000000
max     188.000000   78.000000
```

278 获取DataFrame的列数据

> **语法**
>
> ```
> df["列名"]
> df.列名
> ```

※df表示DataFrame对象。

■ 指定列名

DataFrame由列和行组成。通过指定列可以将列数据作为Series检索。在"[]"中或用"."指定列。

■ recipe_278_01.py

```python
import pandas as pd
name = ["Yamada", "Suzuki",
"Sato", "Tanaka", "Watanabe"]
data = {'height' : [161, 168,
173, 169, 188], 'weight' : [55,
63, 78, 59, 68]}
df = pd.DataFrame(data,
index=name)

# 在"[]"中检索height列
height = df["height"]
print(height)

# 用"."获取weight列
weight = df.weight
print(weight)
```

▼ 执行结果

```
Yamada      161
Suzuki      168
Sato        173
Tanaka      169
Watanabe    188
Name: height, dtype: int64

Yamada      55
Suzuki      63
Sato        78
Tanaka      59
Watanabe    68
Name: weight, dtype: int64
```

由于可以在Series中检索，因此可以通过指定index来检索各个值。例如，如果要获取index= Suzuki的体重数据，代码如下页所示。

462

■ recipe_278_02.py

```
# 上一个代码的延续
print(df.weight.Suzuki)
```

▼ 执行结果

```
63
```

更新列数据

也可以通过分配Series来更新列数据。但是，index必须与DataFrame匹配。

■ recipe_278_03.py

```
# 上一个代码的延续
s = [171, 178, 183, 179, 198]
df["height"] = pd.Series(s, index=name)
print(df)
```

▼ 执行结果

	height	weight
Yamada	171	55
Suzuki	178	63
Sato	183	78
Tanaka	179	59
Watanabe	198	68

279 获取DataFrame的行数据

语法

方法	返回值
`df.loc[index名]`	index中的Series
`df.iloc[index编号]`	integer-location中指定行的Series

■ 通过loc、iloc获取行

loc、iloc可以以Series格式检索行数据。loc是标签名称，即index；iloc是integer-location，即表示位置的整数。

下面的代码通过loc、iloc访问使用名称作为index的DataFrame数据。

■ recipe_279_01.py

```python
import pandas as pd
name = ["Yamada", "Suzuki",
"Sato", "Tanaka", "Watanabe"]
data = {'height' : [161, 168,
173, 169, 188], 'weight' : [55,
63, 78, 59, 68]}
df = pd.DataFrame(data,
index=name)
print(df)

# 通过loc获取index="Sato"的数据
sato = df.loc["Sato"]
print(sato)

# 通过iloc获取index=3的数据
tanaka = df.iloc[3]
print(tanaka)
```

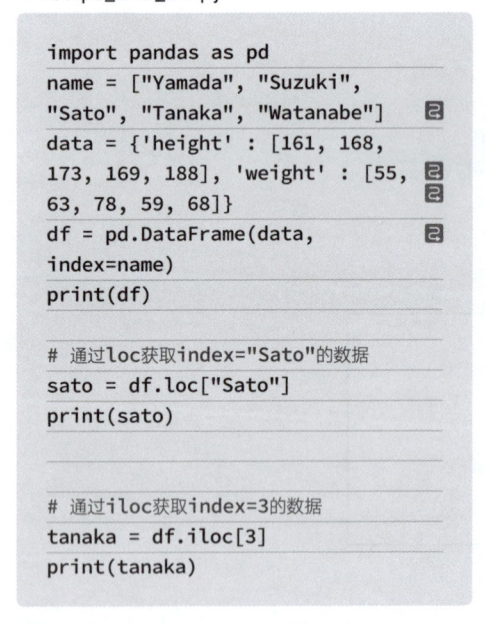

▼ 执行结果

```
          height  weight
Yamada       161      55
Suzuki       168      63
Sato         173      78
Tanaka       169      59
Watanabe     188      68

height    173
weight     78
Name: Sato, dtype: int64

height    169
weight     59
Name: Tanaka, dtype: int64
```

由于可以在Series中检索，因此可以通过指定index来检索各个值。如果要在上面继续检索Sato的体重数据，代码如下页所示。

■ recipe_279_02.py

```
# 上一个代码的延续
print(sato.weight)
```

▼ 执行结果

```
78
```

更新行数据

还可以通过在"[ ]"中指定Series来使用该值进行更新。

■ recipe_279_03.py

```
# 上一个代码的延续
mod_yamada = pd.Series([171, 66], index=["height", "weight"])
df.loc["Yamada"] = mod_yamada
print(df)
```

▼ 执行结果

	height	weight
Yamada	171	66
Suzuki	168	63
Sato	173	78
Tanaka	169	59
Watanabe	188	68

280 通过指定DataFrame的行和列来检索数据

语法

方法	返回值
`df.at[index，列名]`	index和列名中指定的元素的值
`df.iat[index编号，列编号]`	integer-location中指定的元素的值

■ 在at和iat方法中指定行和列来检索值

可以通过指定at和iat方法中的行和列来检索值。

at方法

at方法是通过标签名称访问的。按行和列的顺序指定下标。例如，如果要检索index为a的行，列为col1的数据，则使用以下语句。

```
df.at['a', 'col1']
```

iat方法

与at方法的使用方式几乎相同。以整数位置格式指定。例如，如果要从0开始计数，以获得第1行第1列的元素，则使用以下语句。

```
df.iat[1, 1]
```

在以下样本中，使用at和iat方法来获取特定人群的体重和身高，而与身高和体重DataFrame相对应。

■ recipe_280_01.py

```
import pandas as pd
name = ["Yamada", "Suzuki", "Sato", "Tanaka", "Watanabe"]
data = {'height' : [161, 168, 173, 169, 188], 'weight' : [55, 63,
78, 59, 68]}
df = pd.DataFrame(data, index=name)
```

```python
# at方法
sato_weight = df.at['Sato', 'weight']
print(sato_weight)

# iat方法
tanaka_height = df.iat[3, 1]
print(tanaka_height)
```

▼ 执行结果

```
78
59
```

按行/列更新数据

也可以通过在"[ ]"中指定值来更新数据。

■ recipe_280_02.py

```
import pandas as pd
name = ["Yamada", "Suzuki", "Sato", "Tanaka", "Watanabe"]
data = {'height' : [161, 168, 173, 169, 188], 'weight' : [55, 63,
78, 59, 68]}
df = pd.DataFrame(data, index=name)

# 使用at方法更新
df.at['Sato', 'weight'] = 77
print(df)
```

▼ 执行结果

	height	weight
Yamada	161	55
Suzuki	168	63
Sato	173	77
Tanaka	169	59
Watanabe	188	68

281 计算DataFrame

语法

运算符	意义
+	加法
-	减法
*	乘法
/	除法

■ DataFrame之间的运算

如果列匹配，DataFrame可以对每个元素执行四则运算。在下面的代码中，每个DataFrame都有两次测试的成绩，并计算其总和。

■ recipe_281_01.py

```
import pandas as pd
name = ["Yamada", "Suzuki", "Sato", "Tanaka", "Watanabe"]
score1 = {'kokugo' : [55, 81, 73, 63, 88], 'sansu' : [95, 80, 99, 79, 77]}
score2 = {'kokugo' : [65, 74, 75, 59, 58], 'sansu' : [97, 69, 72, 83, 66]}
df1 = pd.DataFrame(score1, index=name)
df2 = pd.DataFrame(score2, index=name)

sum_df = df1 + df2
print(sum_df)
```

▼ 执行结果

```
          kokugo  sansu
Yamada       120    192
Suzuki       155    149
Sato         148    171
Tanaka       122    162
Watanabe     146    143
```

282 在DataFrame中处理缺失值

语法

- NaN的判定

方法	意义
`pd.isnull(df).any()`	如果缺少值,则为True

- 删除缺失值列

方法	返回值
`df.dropna()`	删除缺失值的DataFrame

※df表示DataFrame对象。

DataFrame中的缺失值

业务数据可能由于操作员输入错误或临时通信故障而产生缺失值,因此在DataFrame中处理这些缺失值是一个问题,但pandas提供了确定和清除缺失值的方法。此外,CSV读取的DataFrame的缺失值是NumPy的nan。

缺失值的判定

使用pandas的isnull方法可以获取一个bool类型的Series/DataFrame,该Series或DataFrame用于判断是否缺失。此外,如果对生成的DataFrame使用any方法,则只要有一个缺失值,就会返回True。在下面的代码中,对于身高和体重DataFrame,可以看到身高列中存在缺失值。

■ recipe_282_01.py

```
import pandas as pd
data = {'height' : [161, None, 173, 169, 188], 'weight' : [55, 63,
78, 59, 68]}
df = pd.DataFrame(data)
print(pd.isnull(df.height).any())
print(pd.isnull(df.weight).any())
```

在DataFrame中处理缺失值

▼ 执行结果

```
True
False
```

■ 删除缺失值

可以使用dropna方法删除Series和DataFrame中的缺失值。下面的代码用于在前面的DataFrame中删除缺失值。

■ recipe_282_02.py

```
height_series = df.height

# 检索height列并删除缺失值
new_height_series = height_series.dropna()
print(new_height_series)

# 删除DataFrame中的缺失值
new_df = df.dropna()
print(new_df)
```

▼ 执行结果

```
0    161.0
2    173.0
3    169.0
4    188.0

Name: height, dtype: float64
   height  weight
0   161.0      55
2   173.0      78
3   169.0      59
4   188.0      68
```

283 替换DataFrame中的值

语法

方法	返回值
df.replace(替换前，替换后)	已替换的DataFrame

※df表示DataFrame对象。

■ 替换值

根据业务数据的不同，有时会出现错误或输入时的错误等情况，需要进行几次替换才能修改正确。使用pandas DataFrame的replace方法，可以执行替换操作。

基本替换

例如，如果有一个将Orange更改为Oranggg的数据，则可以按如下所示替换该数据。

■ recipe_283_01.py

```
import pandas as pd
data = {'name' : ['Apple', 'Oranggg', 'Banana'], 'price' : [110,
120, 130]}
df = pd.DataFrame(data)
df2 = df.replace('Oranggg', 'Orange')
print(df2)
```

▼ 执行结果

```
     name  price
0   Apple    110
1  Orange    120
2  Banana    130
```

使用正则表达式替换

也可以通过指定regex=True作为参数来使用正则表达式。还可以把上面的样本替换写成下一页的样子。

283

替换DataFrame中的值

```
df2 = df.replace('.*ggg.*', 'Orange', regex=True)
```

用0填充缺失值

在数据清理中，最常用的方法是替换缺失值，但在下面的代码中，NaN用0填充。

■ recipe_283_02.py

```
import pandas as pd
import numpy as np
data = {'name' : ['Apple', 'Orange', 'Banana'], 'stock' : [15,
None, 20]}
df = pd.DataFrame(data)
df2 = df.replace(np.NaN, 0)
print(df2)
```

▼ 执行结果

```
     name  stock
0   Apple   15.0
1  Orange    0.0
2  Banana   20.0
```

284 过滤DataFrame

> **语法**
>
> df[过滤条件]

※df表示DataFrame对象。

■ 基于bool类型序列的数据提取

pandas的过滤有很多变体，看起来很难，但是如果能够理解bool类型序列的提取，则其他的过滤也会很容易理解。

首先，可以在"[ ]"中为DataFrame指定一个大小与index相同的bool类型序列，以便仅提取值为True的序列。下面的代码仅从DataFrame中提取索引为偶数或0和2的行，该DataFrame包含2列和4行。序列可以是pandas序列，也可以是list或tuple。

■ recipe_284_01.py

```
import pandas as pd
data = {'A' : [1, 2, 3, 4], 'B' : [10, 20, 30, 40]}
df = pd.DataFrame(data)

condition = [True, False, True, False]
print(df[condition])
```

▼ 执行结果

	A	B
0	1	10
2	3	30

DataFrame的df后缀是一个bool类型的条件列表，该条件列表与index大小相同，即行数与元素数相同。从以上代码中可以看到，条件列表中的第0个和第2个元素都设置为True，但筛选结果同样集中在第0个和第2个元素上。

■ 比较DataFrame和生成bool类型的序列

当然，bool类型的序列通常不用像上面的代码那样特意手动输入。可以对DataFrame执行比较操作，以获取符合条件的bool类型的序列（Series）。例如，如果要获取index代表偶数列的序列，则代码如下一页所示。

284

过滤DataFrame

- recipe_284_02.py

```
# 上一个代码的延续
new_condition = (df.index % 2 == 0)
print(new_condition)
```

▼ 执行结果

```
[True False  True False]
```

利用此运算,可以按以下方式重写示例recipe_284_01.py。

```
import pandas as pd
data = {'A' : [1, 2, 3, 4], 'B' : [10, 20, 30, 40]}
df = pd.DataFrame(data)
condition = (df.index % 2 == 0)
df[condition]
```

也可以在一行中进行描述,如下所示。

```
df[df.index % 2 == 0]
```

各种筛选示例

完全一致

以下示例显示了在特定列中提取完全符合条件的示例。正在提取DataFrame的列A为3的值。

```
condition = (df.A==3)
df[condition]
```

比较大小

以下示例显示了在特定列中提取大于条件的列。正在提取DataFrame的列B中大于10的值。

```
condition = (10 < df.B)
df[condition]
```

也可以通过排列"[ ]"来指定范围。以下示例用于提取DataFrame的列B中大于10且小于40的值。

```
condition1 = (10 < df.B)
condition2 = (df.B < 40)
df[condition1][condition2]
```

正则表达式

可以在Series.str.contains中指定正则表达式。下面的代码用于提取与正则表达式"Apple.*"匹配的行。

■ recipe_284_03.py

```
import pandas as pd
data = {'Food' : ["Apple cake", "Orange juice", "Apple pie",
"Strawberry cake"], 'score' : [80, 72, 90, 78]}
df = pd.DataFrame(data)

condition = df.Food.str.contains('Apple.*')
print(df[condition])
```

▼ 执行结果

```
        Food  score
0  Apple cake     80
2   Apple pie     90
```

285 使用groupby方法合并DataFrame

> **语法**

方法	返回值
df.groupby([列]).min()	最小值
df.groupby([列]).max()	最大值
df.groupby([列]).sum()	合计值
df.groupby([列]).mean()	平均值
df.groupby([列]).var()	分散
df.groupby([列]).std()	标准偏差

※df表示DataFrame对象。

▬ groupby方法

DataFrame的groupby方法提供了一个名为DataFrameGroupBy的对象，可以使用该方法合并各种统计信息，如最大值、最小值和平均值等。下面的代码针对年级、身高和体重的DataFrame计算了各年级身高和体重的平均值。

■ recipe_285_01.py

```
import pandas as pd

grade = [1, 2, 1, 3, 2, 3]
height = [161, 168, 173, 169, 188, 169]
weight = [55, 63, 78, 59, 68, 59]
data = {'grade' : grade, 'height' : height, 'weight' : weight}
df = pd.DataFrame(data)

# 各年级身高和体重的平均值
m = df.groupby("grade").mean()
print(m)
```

▼ 执行结果

	height	weight
grade		
1	167.0	66.5
2	178.0	65.5
3	169.0	59.0

如果要groupby多个列，也可以在列表中进行设置。例如，假设在刚才提到的DataFrame中添加了一个新的列"学校：school"，并且要按学校和年级进行统计，则代码如下所示。

```
df.groupby(["school", "grade"]).mean()
```

286 对DataFrame进行排序

语法

方法	返回值
df.sort_values(列列表, ascending=bool列表)	返回按条件排序的DataFrame

※df表示DataFrame对象。

■ DataFrame排序

可以使用sort_values方法对DataFrame进行排序。第1个参数是要排序的列列表，在ascending中指定升序(True)/降序(False)。在下面的代码中，对几个学生的身高和体重的DataFrame按照年级的升序、体重的降序和身高的降序进行了排序。

■ recipe_286_01.py

```python
import pandas as pd
grade = [1, 2, 1, 3, 2, 3]
height = [161, 168, 173, 169, 188, 169]
weight = [55, 63, 78, 59, 68, 59]
data = {'grade' : grade, 'height' : height, 'weight' : weight}
df = pd.DataFrame(data)

df2 = df.sort_values(['grade', 'weight', 'height'],
ascending=[True, False, False])
print(df2)
```

▼ 执行结果

```
   grade  height  weight
2    1     173     78
0    1     161     55
4    2     188     68
1    2     168     63
3    3     169     59
5    3     169     59
```

287 从DataFrame创建透视表

语法

方法

df.pivot_table(index=[合并纵向列], columns=[合并列], values='合计值', fill_value=缺失值的替代值, aggfunc=合并函数)

返回值

返回按指定条件聚集的透视表的DataFrame

参数	意义
index	指定纵轴的合计项目,可指定多个
columns	指定横轴的合计项目,可指定多个
values	指定要合并的值项
fill_value	指定用什么填充缺失值
aggfunc	指定对序列执行合计的Lambda表达式或函数

※df表示DataFrame对象。

透视表

使用df.pivot_table,可以在透视表中以合计或平均值等方式获得交叉表的结果DataFrame。此外,还可以使用Lambda表达式或函数对象指定合并方法,以进行复杂的计算。

在以下代码中,针对包含学校、年级、身高和体重的DataFrame,对学校(A学校和B学校)和年级(1年级和2年级)的平均值进行交叉统计。注意,numpy.average是NumPy函数,用于计算列表等序列的平均值。

■ recipe_287_01.py

```
import pandas as pd
import numpy as np

school = ["A", "A", "A", "A", "B", "B", "B", "B", "B"]
grade = [1, 2, 2, 1, 2, 1, 1, 2, 2]
height = [161, 178, 173, 169, 188, 179, 170, 169, 171]
```

287

从DataFrame创建透视表

```
weight = [55, 63, 78, 59, 68, 59, 65, 55, 77]
data = {'school' : school, 'grade' : grade, 'height' : height,
'weight' : weight}
df = pd.DataFrame(data)
```

```
df2 = df.pivot_table(index=['school'], columns=['grade'],
values='height', fill_value=0, aggfunc=np.average)
print(df2)
```

▼ 执行结果

```
grade       1       2
school
A         165.0   175.5
B         174.5   176.0
```

Matplotlib

第23章

288 使用Matplotlib

> **语法**
>
> - 安装
>
> ```
> pip install matplotlib
> ```

▬ Matplotlib简介

Matplotlib是Python的一个绘图库，Python使用该库可以生成散点图、直方图、条形图等。可以使用pip命令安装Matplotlib，但Anaconda已预先安装，不需要安装。

▬ Matplotlib的两种写法

在使用Matplotlib之前，有两种写法需要注意。Matplotlib最初模拟MathWorks公司开发的收费数值分析软件MATLAB的图形命令，但随着时代的发展，Python面向对象的接口得到了扩展。

因此，Matplotlib现在有两种传统的MATLAB写法和一种面向对象的界面写法（本文档下文将描述为OO格式）。MATLAB格式的写法只需通过函数调用就可以简洁地写出，但由于要操作的对象不明确，因此稍作定制就会变得困难。推荐OO格式的写法，本书也将以OO格式进行讲解。

MATLAB格式和OO格式

为了便于比较，本书提供了两种在散点图中绘制3个点的代码：OO格式和MATLAB格式。

■ recipe_288_01.py（OO格式）

```python
import matplotlib.pyplot as plt

# 要绘制的点
X = [1, 2, 3]
Y = [1, 1, 1]

# 生成figure对象
```

■ recipe_288_02.py（MATLAB格式）

```python
from matplotlib import pyplot

# 要绘制的点
X = [1, 2, 3]
Y = [1, 1, 1]

# 通过调用函数绘制
```

```python
fig = plt.figure()

# 将axes对象设置为figure对象
ax = fig.add_subplot(1, 1, 1)

# 为axes对象设置散点图
ax.scatter(X, Y, color='b',
label='test_data')

# axes对象的图例设置
ax.legend(["test1"])

# 为axes对象设置标题
ax.set_title("sample1")

# 显示
plt.show()
```

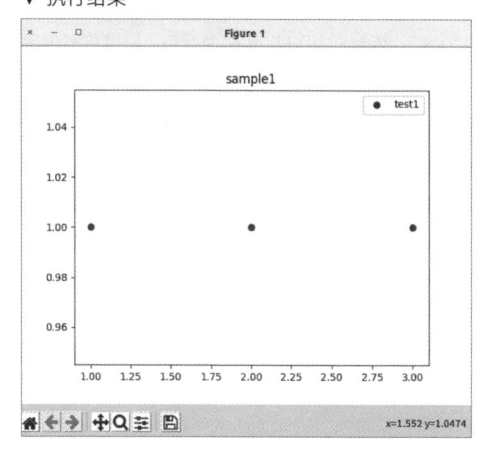

```python
pyplot.scatter(X, Y, c='b',
label='test_data')

# 调用函数并设置图例
pyplot.legend(['test1'])

# 调用函数并设置标题
pyplot.title("sample1")

# 显示
pyplot.show()
```

▼ 执行结果

289 Matplotlib的基本使用方法

> **语法**

- 导入pyplot

```
import matplotlib.pyplot as plt
```

- 生成figure对象

```
plt.figure()
```

- 将figure拆分为N×M，并在第n个位置添加axes

```
fig.add_subplot(N, M, n)
```

figure和axes

在Matplotlib中可视化图表等时，pyplot模块的以下两个组件是基础。

- figure。
- axes。

这是图形绘制的基础。

figure

所谓figure，是指"所有绘图元素的顶级容器"，但最初可以将其视为窗口。如果将图形另存为图像，则以figure为单位。大多数情况下，只有一个figure就足够了。

axes

axes通常是指轴，但Matplotlib认为它是一个图表，有时简称ax。可以在figure中设置多个axes。大多数情况下，对于与图表类型相对应的axes方法，将列表或ndarray等数据序列设置为参数。本书将这些序列统称为数组。

基本绘图流程

根据使用者和用途的不同，使用流程和想法是不同的，开始使用时用以下的流程来记述比较容易理解。

(1) 生成figure。
(2) 在生成的figure中生成axes，进行配置。
(3) 将绘图数据和图表信息设置为axes。
(4) 显示或另存为图像。

图形绘制示例

绘制单个图表

下面的代码绘制了一个图形，其中一个axes设置为一个图形。

- recipe_289_01.py

```python
import matplotlib.pyplot as plt

# (1) 生成figure
fig = plt.figure()

# (2) 在生成的figure中生成axes，进行配置
ax1 = fig.add_subplot(1, 1, 1)

# (3) 将绘图数据设置为axes
X = [0, 1, 2]
Y = [0, 1, 2]
ax1.plot(X, Y)

# (4) 显示
plt.show()
```

289

Matplotlib的基本使用方法

▼ 执行结果

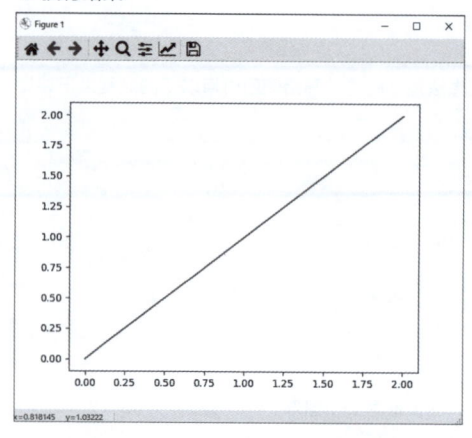

现在，将显示一个图形，即窗口中的一条轴。

绘制多个图表

下面的代码在一个figure中绘制6个图形。

- recipe_289_02.py

```python
import matplotlib.pyplot as plt

# 生成figure
fig = plt.figure()

# 2×3中的第1个
ax1 = fig.add_subplot(2, 3, 1)
ax1.set_title('1')   # 图表标题
# 2×3中的第2个
ax2 = fig.add_subplot(2, 3, 2)
ax2.set_title('2')   # 图表标题
# 2×3中的第3个
ax3 = fig.add_subplot(2, 3, 3)
```

```
ax3.set_title('3')    # 图表标题
# 2×3中的第4个
ax4 = fig.add_subplot(2, 3, 4)
ax4.set_title('4')    # 图表标题
# 2×3中的第5个
ax5 = fig.add_subplot(2, 3, 5)
ax5.set_title('5')    # 图表标题
# 2×3中的第6个
ax6 = fig.add_subplot(2, 3, 6)
ax6.set_title('6')    # 图表标题

# 显示
plt.show()
```

▼ 执行结果

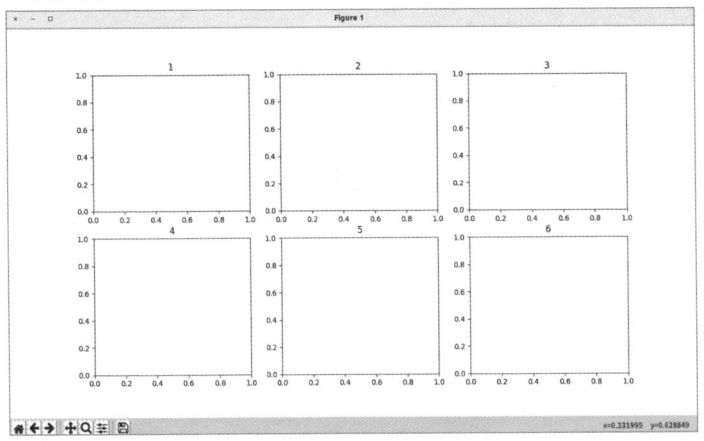

将呈现2行3列的图表。在分析业务中，多个图表并排观察的情况较多，因此绘制图表这一功能十分方便。

290 设置图表的常规元素

语法

方法	动作
`ax.set_title("图表标题")`	设置图表标题
`ax.grid(True)`	开启网格
`ax.set_xlim(left=x0, right=x1)`	设置 x 轴范围
`ax.set_ylim(bottom=y0, top=y1)`	设置 x 轴范围
`ax.set_xlabel("标签名称")`	设置 y 轴标签
`ax.set_ylabel("标签名称")`	设置 y 轴标签
`ax.legend(描述文本列表)`	设置图表图例

※ax表示axes对象。

■ 图表的常规元素

有许多类型的图表，如散点图、条形图和饼图。这些图表的形状因其目的而异，但不同类型的图表也有许多相同的元素。例如以下几点。

- 图表标题
- x轴、y轴范围
- 图例
- 网格
- x轴、y轴标签

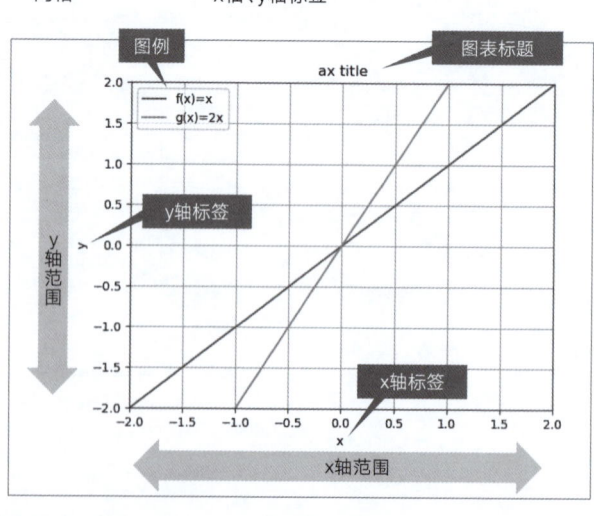

对于这些元素，在Matplotlib中对axes对象进行设置。以下代码将绘制上一页的图表。

■ recipe_290_01.py

```python
import matplotlib.pyplot as plt

# 生成figure
fig1 = plt.figure()

# 绘图设置
ax = fig1.add_subplot(1, 1, 1)
x1 = [-2, 0, 2]
y1 = [-2, 0, 2]
ax.plot(x1, y1)

x2 = [-2, 0, 2]
y2 = [-4, 0, 4]
ax.plot(x2, y2)

ax.grid(True)  # 开启网格
ax.set_xlim(left=-2, right=2)  # x范围
ax.set_ylim(bottom=-2, top=2)  # y范围
ax.set_xlabel('x')  # x轴标签
ax.set_ylabel('y')  # y轴标签
ax.set_title('ax title')  # 图表标题
ax.legend(['f(x)=x', 'g(x)=2x'])  # 显示图例
plt.show()
```

291 创建散点图

> **语法**
>
> • 方法
>
> ```
> ax.scatter(x, y, 其他可选参数)
> ```
>
> ※ax表示axes对象。
>
> • 代表性参数
>
> | 参数 | 说明 |
> | --- | --- |
> | x | x轴数据阵列 |
> | y | y轴数据阵列 |
> | s | 标记大小 |
> | c | 标记颜色 |
> | marker | 标记形状 |
> | alpha | 标记透明度(指定0和1,0表示完全透明;1表示不透明) |
> | linewidths | 标记边缘的宽度 |
> | edgecolors | 标记边缘的颜色 |

■ 散点图

如果要在Matplotlib中绘制散点图,则使用ax.scatter方法。可以在参数中指定标记大小、颜色、形状等。除了十六进制颜色代码外,颜色还可以使用CSS颜色名称。此外,还提供了许多其他可用标记,但在这里可能无法完全看到这些标记。更多信息请参阅官方文档。

符 号	标记形状
.	点
o	圆形
*	星号
+	加号
x	乘号
D	菱形

在下面的代码中，NumPy为每个x和y生成一组随机点，并将其绘制为散点图。

■ recipe_291_01.py

```python
from matplotlib import pyplot as plt
import numpy as np

# 生成随机点
x = np.random.rand(50)
y = np.random.rand(50)

# 生成figure
fig = plt.figure()

# 将ax设置为figure
ax = fig.add_subplot(1, 1, 1)

# 更改绘图标记的大小、颜色和透明度
ax.scatter(x, y, s=300, alpha=0.5, linewidths=2, marker='*',
c='#aaaaFF', edgecolors='blue')
plt.show()
```

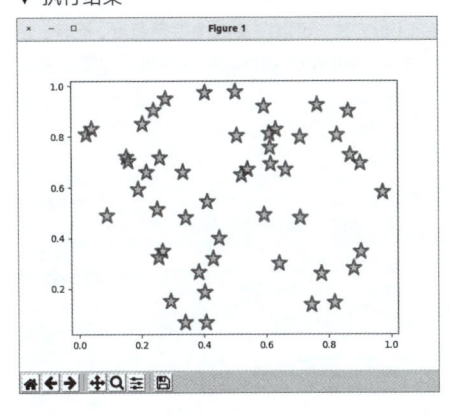

▼ 执行结果

292　创建条形图

> **语法**

- 方法

```
ax.bar(x, height, 其他可选参数)
```

※ax表示axes对象。

- 代表性参数

参数	说明
x	x轴数据阵列
height	指定条形的高度
width	指定条形的宽度，默认值为0.8
bottom	指定条形底部的数字位置，默认值为0
color	使用十六进制颜色代码指定条形颜色
edgecolor	使用十六进制代码指定条形边框的颜色
linewidth	指定条形边框的数值宽度
tick_label	x轴标签
align	指定条形的edge或center，默认值为center

条形图

在Matplotlib中绘制条形图时，需要使用axes.bar方法。可以在参数中指定宽度、标签、颜色等。下面的代码为A~E中的每个值绘制条形图。此外，linewidth和edgecolor用于指定图表边框的宽度和颜色。

■ recipe_292_01.py

```
import matplotlib.pyplot as plt

# 标签
label = ['A', 'B', 'C', 'D', 'E']
```

```python
# 目标数据
x = [1, 2, 3, 4, 5]   # x轴
height = [3, 5, 1, 2, 3]   # 值

# 生成figure
fig = plt.figure()

# 将ax设置为figure
ax = fig.add_subplot(1, 1, 1)

# 将axes设置为条形图
ax.bar(x, height, label=label, linewidth=1, edgecolor="#000000")
# 显示
plt.show()
```

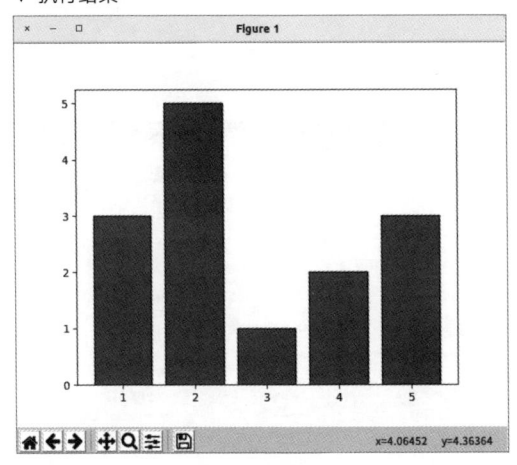

▼ 执行结果

293 绘制折线图

> **语法**

- 方法

```
ax.plot(x, y, 其他可选参数)
```

※ax表示axes对象。

- 代表性参数

参数	说明
x	x轴数据阵列
y	y轴数据阵列
fmt	线条类型（※位置参数）
c	线条颜色
linewidth	线条宽度
alpha	透明度（指定0和1，0表示完全透明；1表示不透明）
marker	标记形状

折线图

在使用Matplotlib绘制折线图时，需要使用ax.plot方法。可以在参数中指定线条类型（见右表所列）、颜色、宽度和标记形状。

符号	意义
-	实线
--	虚线
-.	点+虚线
:	点线

■ recipe_293_01.py

```python
import matplotlib.pyplot as plt

# 目标数据
x = [1, 2, 3, 4, 5]
```

```
y1 = [100, 300, 200, 500, 0]
y2 = [150, 350, 250, 550, 50]
y3 = [200, 400, 300, 600, 100]
y4 = [250, 450, 350, 650, 150]

# 生成figure
fig = plt.figure()

# 将ax设置为figure
ax = fig.add_subplot(1, 1, 1)

# axes为折线图
ax.plot(x, y1, "-", c="#ff0000", linewidth=1, marker='*', alpha=1)
ax.plot(x, y2, "--", c="#00ff00", linewidth=2, marker='o', alpha=0.5)
ax.plot(x, y3, "-.", c="#0000ff", linewidth=4, marker='D', alpha=0.5)
ax.plot(x, y4, ":", c="#ff00ff", linewidth=4, marker='x', alpha=0.5)

# 显示
plt.show()
```

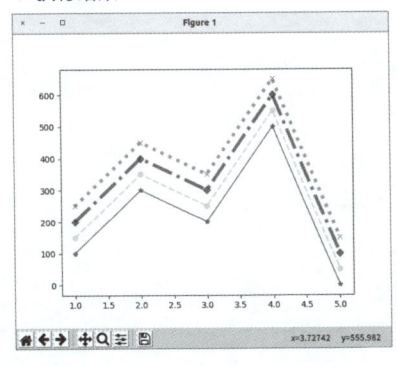

▼ 执行结果

294 绘制函数的图形

使用NumPy数组生成函数图形

使用NumPy的linspace，可以为指定区间内元素数量足够多的函数生成ndarray。另外，由于ndarray可以在通用函数中对整个元素起函数作用，所以与ax.plot一起使用可以绘制平滑的图表。

下面的代码绘制了每个区间的三角函数和二次函数的图形，每个区间的封闭区间[0,5]按100划分。

- recipe_294_01.py

```python
import matplotlib.pyplot as plt
import numpy as np

# 目标数据
x = np.linspace(0, 5, 100)    # x轴的值
y1 = x ** 2
y2 = np.sin(x)

# 生成figure
fig = plt.figure()

# 将ax设置为figure
ax = fig.add_subplot(1, 1, 1)

# 将数据绘制到坐标轴上
ax.plot(x, y1, "-")
ax.plot(x, y2, "-")

# 显示
plt.show()
```

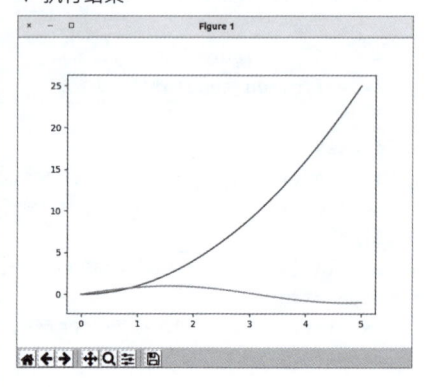

▼ 执行结果

295 创建饼图

语法

- **方法**

```
ax.pie(x，其他可选参数)
```

※ax表示axes对象。

- **代表性参数**

参数	说明
x	数据数组
labels	每个元素的标签数组
colors	每个元素的颜色数组
counterclock	True表示逆时针；False表示顺时针（默认值为True）
startangle	开始角度（默认值为None，从3点钟方向开始）

▰ 饼图

使用ax.pie方法在Matplotlib中绘制饼图。可以在参数中指定线条类型、颜色、宽度和标记形状。如果默认参数稍显特殊，并且未指定参数，则饼图将从3点钟方向以半顺时针方向开始。因此，如果要从12点钟顺时针方向旋转，则必须指定counterclock和startangle。此外，指定ax.axis('equal')，因为圆会根据环境的不同而被分散。以下代码绘制了A~E数据的饼图。

■ recipe_295_01.py

```python
import matplotlib.pyplot as plt

# 目标数据
label = ["A", "B", "C", "D", "E"]
x = [40, 30, 15, 10, 5]

# 生成figure
fig = plt.figure()
```

295

创建饼图

```python
# 将ax设置为figure
ax = fig.add_subplot(1, 1, 1)

# 将数据绘制到坐标轴上
ax.pie(x, labels=label, counterclock=False, startangle=90)

# 显示校正
ax.axis('equal')

# 显示
plt.show()
```

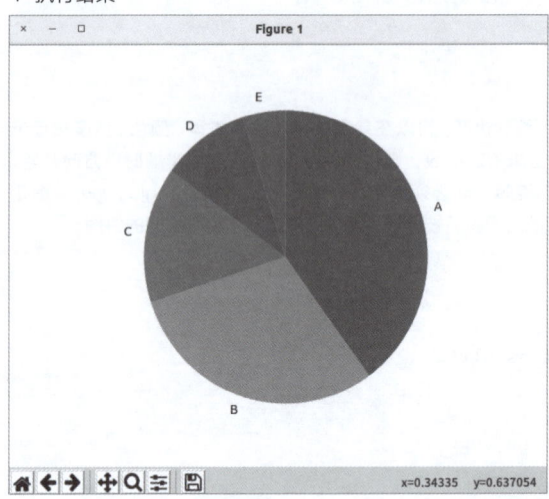

▼ 执行结果

296 创建直方图

语法

- **方法**

```
ax.hist(x, 其他可选参数)
```

※ax表示axes对象。

- **代表性参数**

参数	说明
x	数据数组
bins	等级数或等级列表或等级分割方式
density	如果为True，则将直方图面积调整为1
color	使用十六进制颜色代码指定颜色
ec	使用十六进制颜色代码指定边界颜色
alpha	透明度（指定0和1，0表示完全透明；1表示不透明）

▬ 直方图

使用ax.hist方法在Matplotlib中绘制直方图。参数可以指定等级数和颜色。

bins参数是一个略有变化的参数，它有几种类型的参数。如果指定整数，则将其拆分为与该数字对应的部分。另外，如果指定了数组，则成为该数组的等级。此外，还可以通过后面提到的Starges公式自动划分等级。

在下面的代码中，生成了一个具有1000个元素、0个平均值和10个标准差的正态分布的随机变量数组，并在直方图中进行了可视化。

■ recipe_296_01.py

```python
import matplotlib.pyplot as plt
import numpy as np

# 目标数据
x = np.random.normal(0, 10, 1000)
```

创建直方图

```python
# 生成figure
fig = plt.figure()

# 将ax设置为figure
ax = fig.add_subplot(1, 1, 1)

# 将数据绘制到坐标轴上
ax.hist(x, bins=10, color="#00AAFF", ec="#0000FF", alpha=0.5)

# 显示
plt.show()
```

▼ 执行结果

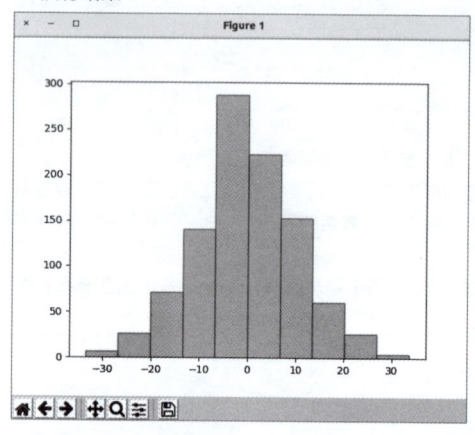

■ 自动设置等级数

由于等级数可以由分析者任意决定，因此可能会对等级幅度的设定感到苦恼。标准公式包括Starges公式和Friedman-Dairkonis公式。hist的参数bins='auto'将自动设置Starges公式和Friedman-Dairkonis公式中较大等级数的计算结果。

第24章 自动化桌面操作

297 自动执行桌面操作

语法

- 安装pyautogui

```
pip install pyautogui
```

- 导入pyautogui

```
import pyautogui
```

> ※ 注意1：如果处理意外中断，最坏的情况是需要重新启动才能操作计算机。在编码时要十分小心。
> ※ 注意2：可以用于市场上销售的应用程序的自动化操作，但必须在确认不违反条款和条件后使用。

■ 自动化桌面操作

使用pyautogui库，可以在Python中执行以下桌面操作。

- 键盘输入。
- 鼠标操作。
- 获取屏幕快照。

在macOS中运行时需要向运行Python的终端等应用程序授予对Mac的访问权限。例如，如果要从终端运行macOS 10.15 Catalina，则在"系统首选项"→"安全和隐私"→"隐私"→"辅助功能"中，通过加号（+）按钮添加终端。

此外，在Linux中运行时可能还需要一些额外的库。例如，对于Debian系统，需要进行以下安装。

```
sudo apt-get install scrot
sudo apt-get install python3-tk
sudo apt-get install python3-dev
```

使用 FAILSAFE

如本节开头所述,自动化操作是危险的。作为解决方案,可以在代码中编写以下内容,以便在执行过程中将鼠标指针移动到坐标(0,0)或左上角时强制停止。

```
pyautogui.FAILSAFE = True
```

298 获取屏幕信息

> **语法**

函数	处理和返回值
`pyautogui.position()`	具有当前鼠标指针坐标x、y的点对象
`pyautogui.size()`	具有当前屏幕大小信息height、width的Size对象
`pyautogui.onScreen(x, y)`	如果指定的坐标 (x,y)适合屏幕，则为True；否则为False

■ 屏幕信息获取

使用pyautogui库可以获取屏幕信息。下面的代码用于检索鼠标指针的位置和屏幕大小并输出。

■ recipe_298_01.py

```python
import pyautogui

# 鼠标指针的位置
mouse_pos = pyautogui.position()
print(mouse_pos.x, mouse_pos.y)

# 屏幕大小
disp_size = pyautogui.size()
print(disp_size.height, disp_size.width)
```

299 移动鼠标指针

语法

函数	处理
`pyautogui.moveTo(x, y, duration)`	将鼠标指针移动到指定的坐标(x, y)
`pyautogui.moveRel(x, y, duration)`	将鼠标指针移动到当前坐标的相对坐标(x, y)
`pyautogui.dragTo(x, y, duration)`	将鼠标指针拖动到指定的坐标(x, y)
`pyautogui.dragRel(x, y, duration)`	将鼠标指针从当前坐标拖动到相对坐标(x, y)

▶ 可选参数

参数	意义
duration	用指定的时间(秒数、分钟数)

▬ 将鼠标指针移动到指定位置

pyautogui库提供了各种鼠标指针移动过程。下面的代码将鼠标指针移动到(100,100),然后用5秒将鼠标指针相对移动到(150,150)。

■ recipe_299_01.py

```python
import pyautogui
pyautogui.FAILSAFE = True

# 将鼠标指针移动到(100, 100)
pyautogui.moveTo(100, 100)

# 用5秒将鼠标指针相对移动到(150, 150)
pyautogui.moveRel(150, 150, duration=5)
```

然后,可以看到鼠标是自动操作的。

300 单击鼠标

语法

函数	处理
`pyautogui.click(选项)`	单击鼠标

▶ 可选参数

参数	意义
`x`	单击x坐标
`y`	单击y坐标
`clicks`	单击指定次数
`interval`	单击间隔秒数
`button`	以字符串形式指定鼠标按钮(left、middle、right)

■ 执行单击鼠标操作

可以使用pyautogui的click函数执行单击鼠标操作。如果省略所有可选参数,则在当前位置单击鼠标左键。在下面的代码中,在坐标(100,100)处单击鼠标右键。

■ recipe_300_01.py

```
import pyautogui
pyautogui.FAILSAFE = True

# 在坐标(100, 100)处单击鼠标右键
pyautogui.click(100, 100, button='right')
```

301 键盘输入

> **语法**

- 键盘输入

函数	处理
pyautogui.typewrite(字符串)	输入指定的字符串
pyautogui.typewrite(键列表)	输入指定的键

▶ 可选参数

参数	意义
interval	输入间隔指定的秒数

- 按下键、释放键

函数	处理
pyautogui.keyDown(键)	按下指定的键
pyautogui.keyUp(键)	释放指定的键

- 同时输入

函数	处理
pyautogui.hotkey(键1，键2，…)	同时输入指定的键

▶ 可用键列表

```
pyautogui.KEYBOARD_KEYS
```

使用函数进行键盘输入

pyautogui提供了多种自动化键盘操作的函数。在下面的代码中，每隔1秒输入a、b、c，然后按一次Enter键。

■ recipe_301_01.py

```python
import pyautogui
pyautogui.FAILSAFE = True

# 输入a、b、c后按Enter键
pyautogui.typewrite(["a", "b", "c", "return"], interval=1)
```

301

键盘输入

此外,还可以分开按下和释放,同时输入。下面是按下Shift键,将光标向右移动3个键,然后按Ctrl+C组合键。

- recipe_301_02.py

```python
import pyautogui
pyautogui.FAILSAFE = True

# Shift + 光标向右移动3次
pyautogui.keyDown("shift")
pyautogui.typewrite(["right"] * 3, interval=1)
pyautogui.keyUp("shift")

# Ctrl + C
pyautogui.hotkey("ctrl", "c")
```

302 获取截图

语法

- 截图

函数	处理
pyautogui.screenshot("目标路径")	获取截图后，将图像保存到指定路径，并返回Pillow的图像对象。目标路径是必选的，否则不执行存储操作

■ 获取屏幕快照

pyautogui有获取截图的功能。在自动化桌面操作的过程中，建议在处理过程的间隙捕获屏幕快照，以进行调试。

下面的代码用于获取屏幕快照并将其保存在当前目录中。

■ recipe_302_01.py

```
import pyautogui

pyautogui.screenshot("myimg.png")
```

可用库列表

本书中介绍的库和使用的版本如下表所列。

程序库	程序库版本
beautifulsoup4	4.9.1
chardet	3.0.4
html5lib	1.1
ipython	7.18.1
lxml	4.5.2
matplotlib	3.3.1
mojimoji	0.0.11
mysqlclient	2.0.1
numpy	1.19.1
pandas	1.1.1
Pillow	7.2.0
psycopg2	2.8.5
pyautogui	0.9.50
requests	2.24.0